westermann

Bernhard Finkenzeller, Uwe Herrmann, Klaus Littmann, Uta Mengel, Anja Rohde,
Markus Dempf

Maler und Lackierer
Fahrzeuglackierer

Lernfelder 1–4

1. Auflage

Bestellnummer 231623

Die in diesem Produkt gemachten Angaben zu Unternehmen (Namen, Internet- und E-Mail-Adressen, Handelsregistereintragungen, Bankverbindungen, Steuer-, Telefon- und Faxnummern und alle weiteren Angaben) sind i. d. R. fiktiv, d. h., sie stehen in keinem Zusammenhang mit einem real existierenden Unternehmen in der dargestellten oder einer ähnlichen Form. Dies gilt auch für alle Kunden, Lieferanten und sonstigen Geschäftspartner der Unternehmen wie z. B. Kreditinstitute, Versicherungsunternehmen und andere Dienstleistungsunternehmen. Ausschließlich zum Zwecke der Authentizität werden die Namen real existierender Unternehmen und z. B. im Fall von Kreditinstituten auch deren IBANs und BICs verwendet.

Zusatzmaterialien zu Maler und Lackierer, Fahrzeuglackierer – Lernfelder 1–4

Für Lehrerinnen und Lehrer:

Lösungen: 978-3-14-231651-2
Lösungen Download: 978-3-14-231649-9
Lösungen zum Arbeitsheft: 978-3-14-231627-7
Lösungen zum Arbeitsheft Download: 978-3-14-231653-6

BiBox westermann inkl. E-Book

BiBox Einzellizenz für Lehrer/-innen (Dauerlizenz): 978-3-14-103598-8
BiBox Kollegiumslizenz für Lehrer/-innen (Dauerlizenz): 978-3-14-103727-2
BiBox Kollegiumslizenz für Lehrer/-innen (1 Schuljahr): 978-3-14-107522-9

Für Schülerinnen und Schüler:

Arbeitsheft: 978-3-14-231625-3

BiBox westermann inkl. E-Book

Schülerlizenz BiBox Schuljahr: 978-3-14-231629-1

westermann GRUPPE

Druck und Bindung: Westermann Druck GmbH, Georg-Westermann-Allee 66, 38104 Braunschweig

ISBN 978-3-14-231623-9

Vorwort

Die Umsetzung des nach Lernfeldern strukturierten Rahmenlehrplanes für die Ausbildungsberufe Maler und Lackierer, Fahrzeuglackierer sowie Bauten- und Objektbeschichter stellt für alle Lehrkräfte eine besondere Herausforderung dar. Nach dem KMK-Rahmenlehrplan wird von der Berufsschule verlangt, „den Unterricht an einer für Ihre Aufgaben spezifische Pädagogik auszurichten, die Handlungsorientierung betont“. Das Lernen soll sich in Beziehung auf „konkretes berufliches Handeln“ ausrichten. Nicht mehr die Anhäufung von schnell wechselndem Fachwissen steht im Vordergrund des Unterrichts, sondern die Vermittlung von **Handlungskompetenz,** die es den Schülern ermöglicht, sich die entwickelnde Technik in ihrem zukünftigen Berufsleben selbst zu erschließen.

Mit der Abkehr von fachspezifischen Lerninhalten, die überwiegend durch lehrerzentrierte Unterrichtskonzepte umgesetzt wurden, ergeben sich neue Anforderungen an die Zielstellung beruflicher Bildung. Der Auftrag, den Unterricht an den konkreten **betrieblichen Arbeits- und Geschäftsprozessen** zu orientieren, lässt sich dadurch erfüllen, dass im Unterricht praxisbezogene Lernsituationen geschaffen werden müssen.

Für dieses Lehrwerk wurden deshalb Lernsituationen entwickelt, deren Umsetzung durch die Abwicklung von konkreten Arbeitsaufträgen vollzogen werden kann.

- **Arbeitsaufträge**

Jedes Lernfeldkapitel beginnt mit einem typischen Arbeitsauftrag, wie er als Folge eines Kundenwunsches zu erfüllen ist.

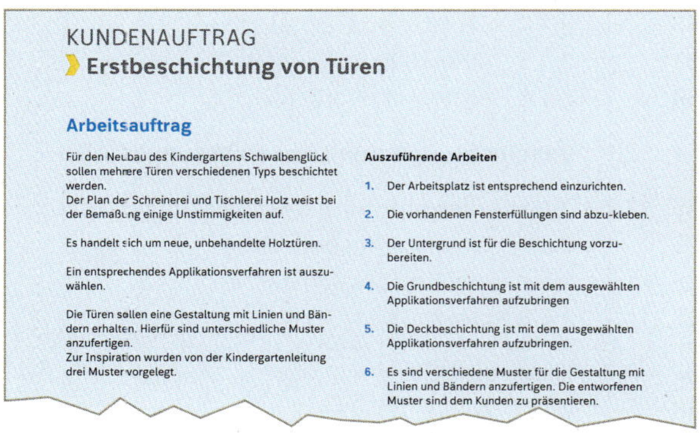
KUNDENAUFTRAG

Erstbeschichtung von Türen

Arbeitsauftrag

Für den Neubau des Kindergartens Schwalbenglück sollen mehrere Türen verschiedenen Typs beschichtet werden.
Der Plan der Schreinerei und Tischlerei Holz weist bei der Bemaßung einige Unstimmigkeiten auf.

Es handelt sich um neue, unbehandelte Holztüren.

Ein entsprechendes Applikationsverfahren ist auszuwählen.

Die Türen sollen eine Gestaltung mit Linien und Bändern erhalten. Hierfür sind unterschiedliche Muster anzufertigen.
Zur Inspiration wurden von der Kindergartenleitung drei Muster vorgelegt.

Auszuführende Arbeiten

1. Der Arbeitsplatz ist entsprechend einzurichten.
2. Die vorhandenen Fensterfüllungen sind abzu-kleben.
3. Der Untergrund ist für die Beschichtung vorzubereiten.
4. Die Grundbeschichtung ist mit dem ausgewählten Applikationsverfahren aufzubringen
5. Die Deckbeschichtung ist mit dem ausgewählten Applikationsverfahren aufzubringen.
6. Es sind verschiedene Muster für die Gestaltung mit Linien und Bändern anzufertigen. Die entworfenen Muster sind dem Kunden zu präsentieren.

Die Arbeitsaufträge sind in die Phasen

- **Auszuführende Arbeiten,**
- **Objektbeschreibung** und
- **Leistungsbeschreibung**

gegliedert. Mit dieser Gliederung wird dem Aufbau einer Gesellenprüfung entsprochen.

- **Fachsystematische Inhalte**

Dem Arbeitsauftrag schließen sich die **fachsystematisch gegliederten Inhalte** an.

Technische Mathematik, Lesen von Symbolen und Zeichnungen sowie u. a. die Themen Gesundheits- und Umweltschutz werden integrativ vermittelt.
Mit dem daraus gewonnenem technologischen und mathematischen Fachwissen können die Arbeitsaufträge bearbeitet werden.
Das schließt jedoch nicht aus, dass die Schüler über die Inhalte des Fachbuches hinaus auf zusätzliche Informationen aus weiteren Informationsquellen, z. B. Tabellenbücher, Herstellerunterlagen, elektronische Informationssysteme, zugreifen müssen.
Die Anschaulichkeit der Inhalte wird unterstützt durch übersichtliche Tabellen und aussagekräftige Abbildungen.

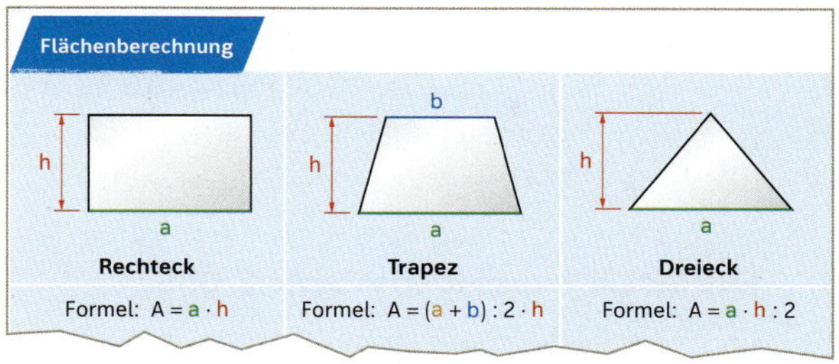

Am Ende eines jeden Lernfeldkapitels befinden sich Aufgaben zur Vertiefung der Inhalte.

Ein eigenständiges Kapitel befasst sich mit den Themen **Präsentationstechniken** und **Umgang mit Kunden.**

- **Sachwortverzeichnis**

Ein umfangreiches Sachwortverzeichnis in deutscher und englischer Sprache soll den fremdsprachlichen Unterricht in der Berufsschule unterstützen.

- **Begleitende Produkte**

Zu diesem Band wird ein **Heft mit Arbeitsaufträgen** angeboten, die inhaltlich auf das Fachbuch abgestimmt sind. Ein Lösungsheft ist ebenfalls erhältlich.

Autoren und Verlag möchten mit diesem Lehrwerk einen Beitrag zur effektiven Umsetzung des lernfeldstrukturierten Unterrichts leisten. Hinweise zur Weiterentwicklung des Lehrwerkes werden gerne angenommen.

Autoren und Verlag

Inhaltsverzeichnis

Lernfeld 1 – Oberflächen vorbereiten und beschichten

Lernfeld 2 – Nichtmetallische Untergründe bearbeiten und beschichten

Lernfeld 3 – Metallische Untergründe bearbeiten und beschichten

Lernfeld 4 – Oberflächen gestalten

Lernfeldübergreifend Präsentationstechniken und Kundenorientierung

Der Beruf des Malers und des Fahrzeuglackierers

1 Entwicklung des Berufs

Schildermaler um 1910

Maler um 1960

Zu allen Zeiten und in allen Kulturen wurden die Behausungen, Gebrauchsgegenstände und Kultobjekte mit Farben versehen und verziert. Bestimmte Menschen hatten besondere Kenntnisse der Farbenherstellung und besondere Fähigkeiten, diese Farben auf den Untergründen aufzubringen. Dies waren dann die ersten „Maler". Besonders verehrt wurden die Menschen, die in der Lage waren, Dinge und Lebewesen bildhaft darzustellen.

Es ist anzunehmen, auch wenn keine Beweise überliefert sind, dass bis zur Antike die Malspezialisten für alles, was mit Anmalen zu tun hat, zuständig waren.

Im Laufe der Zeit bildete sich eine Spezialisierung heraus, die sehr stark davon abhing, welche Art von Bemalung in der jeweiligen Zeit und Kultur gerade gefragt war. Im Deutschen bildete sich eine Vielzahl von Bezeichnungen für Teilbereiche des Malens heraus, die dann später nicht mehr gebräuchlich waren oder in ihrer Bedeutung verändert wurden.

Zum Beispiel gab es im 19. Jahrhundert den Dekorationsmaler, der ursprünglich für die Bemalung von Theaterkulissen zuständig war. Das Tätigkeitsfeld umfasste aber dann zunehmend auch die aufwendige und in dieser Zeit umfangreiche Ausmalung der privaten Räume. So war der Dekorationsmaler der „bessere" Maler im Vergleich zum Tüncher, Weißbinder oder Weißmaler, der die einfachen Fassaden- und Innenraumanstriche ausführte.

Auch in der neueren Zeit entstehen durch die veränderten technischen und gesellschaftlichen Anforderungen neue Spezialisierungen und daraus neue Berufe, während andere Malerberufe verschwinden.

Die Fertigkeiten und Kenntnisse, die ein Maler früher brauchte, waren deutlich anders als heute. In jedem Betrieb wurden bis Mitte des 20. Jahrhunderts die benötigten Farben und Lacke nach eigenen Rezepturen selbst hergestellt. Um eine gleich bleibende Qualität zu erreichen, war sehr viel Wissen über die Werkstoffe und ein großes Können beim Umgang damit erforderlich. Die an jeden Malergesellen gestellten handwerklichen Anforderungen waren auch deutlich höher, da es weniger Hilfsmittel gab, z. B. Klebebänder, Spritzgeräte oder Rollen.

Heute muss ein Handwerker in der Lage sein, seine Aufgabe möglichst effektiv, d. h. schnell und sauber, zu erledigen und dabei stets den Kunden zufrieden zu stellen. Er muss sich dabei mit den vielen speziellen Hilfestellungen, die dem Betrieb von Herstellern und Händlern angeboten werden, auskennen und diese sinnvoll nutzen. Die Entwicklung neuer Produkte erfolgt immer schneller, sodass ein Geselle auch in der Lage sein muss, sich schnell zu informieren, um einen Überblick über die Eigenschaften und Anwendung der neuen Produkte zu erhalten.

2 Die Aufgaben des Malers

Schon aus den vielfältigen, sich ständig ändernden Bezeichnungen des Berufes kann man ermessen, welch unterschiedliche Tätigkeiten ein Maler ausführen kann.

Diese Vielfalt lässt sich aber auf wenige Aspekte zusammenfassen, wenn man überlegt, warum ein Maler einen Auftrag vom Kunden bekommt. Der Auftraggeber möchte

- seine Umgebung schöner haben,
- seine Objekte vor dem Verfall schützen,
- durch Schriften, Zeichen und Bilder auf etwas hinweisen.

Die drei Aufgaben

- Verschönerung,
- Schutz
- und Kennzeichnung

sind die Kernaufgaben des Malers und der von ihm abgeleiteten Berufe.

Zusätzlich kann ein Maler auch für die Gesundheit, d.h. für das körperliche und psychische Wohlergehen, sorgen, indem er eine Wärmedämmung anbringt, Schimmelbildung verhindert oder einfach Wände in einer angenehmen Farbe streicht.

3 Das Berufsbild heute

3.1 Maler

Heute rührt ein Maler seine Farben und Lacke nur in ganz seltenen Fällen noch selbst an. Die Produkte werden von Industriebetrieben fertig geliefert und zwar genau abgestimmt auf die besonderen Anforderungen bei der Anwendung. Dadurch ist der Beruf auf der einen Seite einfacher geworden, da man sich nicht mehr mit der Rezeptur von Farben beschäftigen muss, auf der anderen Seite muss ein Maler nun in der Lage sein, sich schnell über ein Produkt zu informieren. Er muss auch ständig sein Wissen auf den neuesten Stand halten, weil die Entwicklung neuer Produkte immer schneller voran schreitet.

Ein Malerbetrieb arbeitete schon immer mit gefährlichen Stoffen. Früher war es für die Menschen normal, dass es beim Lackieren „stinkt". Heute reagieren sie sehr viel sensibler auf die Gefahren, die von einem Stoff ausgehen. Deshalb muss der professionelle Anwender von Lacken, Farben, Verdünnungsmitteln, Abbeizern und Reinigungsmitteln viele Gesetze und Verordnungen zum Gesundheits-, Umwelt-, und Brandschutz beachten.

Besonders zu erwähnen ist hier die Umsetzung der „Decopaint-Richtlinie" in deutsches Recht. Damit wurden ab 2007 und nochmals verschärft ab 2010 Grenzwerte für den Lösemittelgehalt in Beschichtungsstoffen festgelegt. Lösemittelverdünnbare Stoffe sind dadurch zwar nicht vom Markt verschwunden, der Gehalt an gefährlichen Stoffen ist allerdings deutlich reduziert worden.

Die Tätigkeiten, die ein Malerbetrieb heute nach der Handwerksordnung (HwO) ausführen darf, sind sehr vielseitig:

- Beschichtung von Fassaden, Räumen und den unterschiedlichsten Objekten,
- Aufbauen von Gerüsten,
- Tapezieren,
- Boden verlegen,
- Montage von Trockenbauwänden,
- Betonsanierung,
- Vergolden,
- Wärmedämmung,
- Beschriftung,
- Illusionsmalerei,
- Ausführen von hochwertigen Techniken wie Marmor- und Holzimitation, Glättetechnik oder Lasurtechnik.

Da die meisten Malerbetriebe in Deutschland relativ klein sind und meist nicht mehr als 10 Mitarbeiter haben, kann ein einzelner Betrieb nicht das ganze Leistungsspektrum anbieten, sondern muss sich auf die Arbeiten konzentrieren, für die er aufgrund der Ausstattung und des Könnens der Mitarbeiter befähigt ist. Ein Malergeselle, der heute den Betrieb wechselt, muss sich deshalb im Klaren sein, dass in dem neuen Betrieb unter Umständen Arbeiten ausgeführt und Techniken eingesetzt werden, die er aus seinem alten Betrieb nicht kennt. Hier zeigt sich dann der Wert einer guten Ausbildung, in der ein breites Grundwissen und -können in möglichst allen Tätigkeitsbereichen vermittelt werden.

Maler heute

3.2 Fahrzeuglackierer

Die Fahrzeug-Reparaturlackierung war lange Zeit ein Tätigkeitsbereich der Malerbetriebe. Mit der steigenden Anzahl und Qualität der Fahrzeuge mussten die Betriebe immer aufwendigere Anlagen anschaffen, um den Kundenwünschen gerecht zu werden. Dies lohnte sich nur, wenn sich ein Betrieb auf die Fahrzeuglackierung spezialisierte. Deshalb gibt es heute kaum noch Betriebe, die sowohl Maler- als auch Kfz-Lackiererarbeiten durchführen.

Mit der Spezialisierung war auch ein immer höher werdender Anspruch an die Qualität der Lackierung verbunden. Die Betriebe gerieten aber auch stärker in die Abhängigkeit der Autohersteller, der Lackhersteller und der Versicherungen, die bestimmen konnten, in welcher Qualität eine Arbeit ausgeführt werden muss, damit sie auch bezahlt wird.

Die Lackierbetriebe versuchen deshalb häufig, sich neue Tätigkeitsfelder zu erschließen, z. B. im Bereich der Industrielackierung oder Pulverbeschichtung.

Die Dauer einer Fahrzeuglackierung hat sich enorm verkürzt. Die Trocken- und Ablüftzeiten sind heute so gering, dass eine komplette Lackierung innerhalb eines Tages fertiggestellt werden kann.

Auch bei der Fahrzeuglackierung spielt der Umweltgedanke eine immer stärkere Rolle. So muss ein Lackierbetrieb seine Lösemittelemissionen auf einen bestimmten Grenzwert reduzieren. Dies gelingt nur, wenn größtenteils wasserverdünnbare Beschichtungsstoffe oder HS- bzw. VHS-Systeme verwendet werden.

4 Die Ausbildung und Weiterbildung

Die Ausbildung in den Berufen „Maler und Lackierer" und „Fahrzeuglackierer" ist wie bei allen Ausbildungsberufen in Deutschland in der Ausbildungsordnung festgelegt. Für die beiden Berufe wurden die Ausbildungsordnungen 2021 neu erlassen. In dieser Ausbildungsordnung ist für Fahrzeuglackierer und Maler eine gemeinsame Grundbildung vorgesehen. Erst ab dem zweiten Ausbildungsjahr werden jeweils spezifische Inhalte vorgeschrieben. Die Ausbildung findet an den Lernorten Betrieb, Berufsschule und in überbetrieblicher Unterweisung statt.

Maler und Lackierer

Um den Beruf des Malers und Lackierers zu erlernen, ist eine drei Jahre dauernde Lehrzeit mit dem Abschluss der Gesellenprüfung eingerichtet. Im dritten Lehrjahr findet eine Spezialisierung der Ausbildung in die fünf Fachrichtungen „Gestaltung und Instandhaltung" (der „klassische" Maler), „Ausbautechnik und Oberflächengestaltung", „Bauten- und Korrosionsschutz ", „Energieeffizienz- und Gestaltungstechnik" sowie „Kirchenmalerei und Denkmalpflege" statt.

Fahrzeuglackierer

Auch für die Ausbildung zum Fahrzeuglackierer ist eine dreijährige Ausbildung vorgesehen, die mit der Gesellenprüfung endet. In der Ausbildung sollten Fertigkeiten in möglichst vielen Tätigkeitsbereichen erlernt werden. Dies ist in vielen Lackierbetrieben nicht möglich, da sie sich auf bestimmte Gebiete spezialisiert haben und die einzelnen Mitarbeiter meist nur eng begrenzte Aufgaben durchführen. Deshalb ist gerade in der Ausbildung zum Fahrzeuglackierer eine enge Abstimmung zwischen den Lernorten notwendig.

Fortbildung

Mit dem Bestehen der Gesellenprüfung ist die Karriere im Handwerk noch nicht beendet. Man kann im Prinzip gleich nach der Gesellenprüfung mit dem Meisterkurs beginnen und diesen mit der Meisterprüfung abschließen.

Als Meister kann man selbst einen Betrieb eröffnen oder übernehmen, oder man ist als angestellter Meister in größeren Betrieben für bestimmte Bereiche zuständig, z. B. Aufmaßerstellung oder Organisation bestimmter Baustellen.

Auch ohne Meisterprüfung kann man seinen Verantwortungsbereich und somit seine Verdienstmöglichkeiten erweitern, indem man zum Vorarbeiter aufsteigt, der für eine Gruppe an einer Baustelle verantwortlich ist.

Mit der bestandenen Abschlussprüfung kann man auch das Niveau des Schulabschlusses erhöhen. Unter bestimmten Bedingungen, die in den einzelnen Bundesländern unterschiedlich sind, kann man auch über den beruflichen Bildungsweg die Hochschulreife erlangen und studieren.

Weiterbildung

Die Berufe des Malers und des Fahrzeuglackierers sind sehr vielseitig, deshalb ist es leicht möglich, sich auf ein bestimmtes Teilgebiet zu spezialisieren und sich dadurch eine besondere Qualifikation verschaffen.

Voraussetzung dafür ist, sich ständig über den aktuellen Stand der Werkstoffe, Arbeitsverfahren und Werkzeuge zu informieren und auch selbst neue Dinge auszuprobieren und weiterzuentwickeln. Ein Fahrzeuglackierer könnte sich zum Beispiel, indem er seine Fähigkeiten im Bereich Airbrush weiter entwickelt, neue Tätigkeitsfelder erschließen.

Hilfreich können hier Seminare sein, die über die verschiedensten Themen aus dem Beruf durchgeführt werden. Diese werden von den Innungen, Handwerkskammern und sonstigen Institutionen sowie den Berufsgenossenschaften und von den Herstellern angeboten.

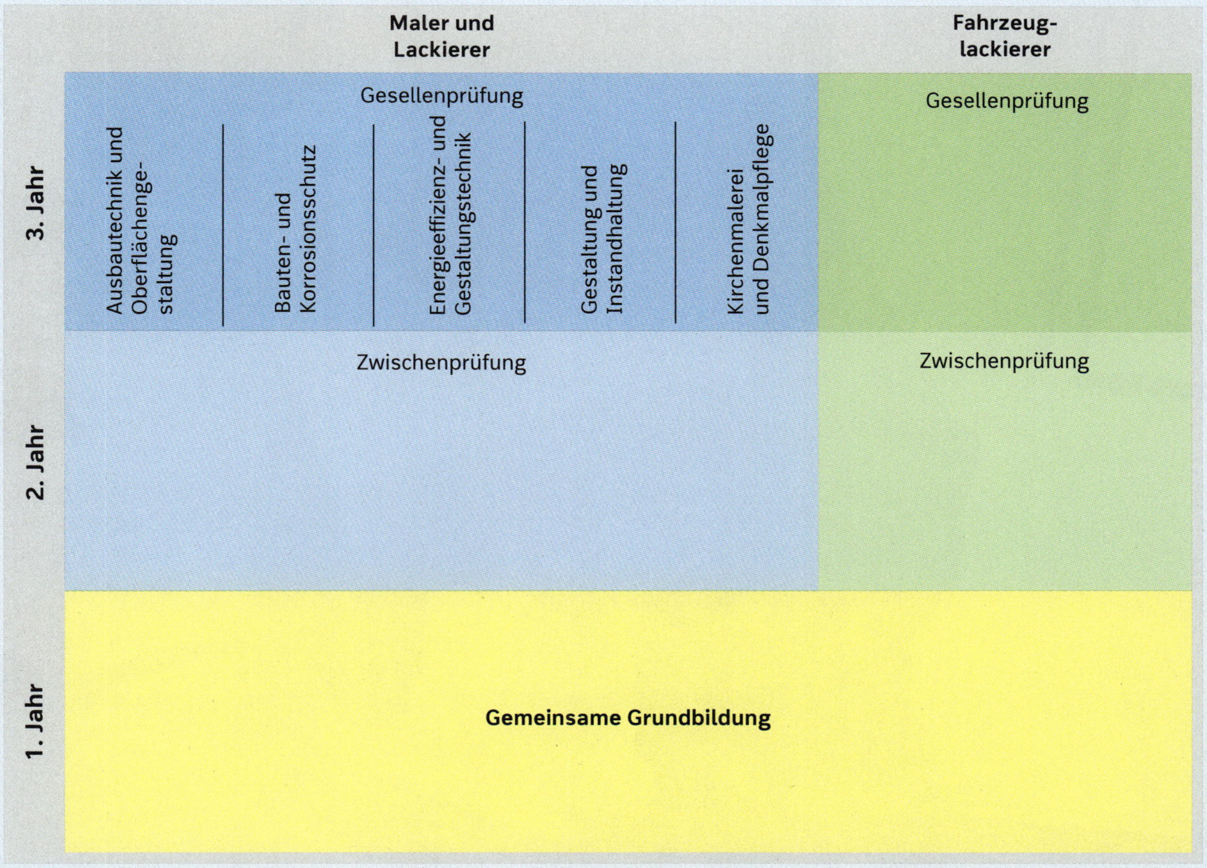

Ausbildungsstruktur im Überblick

1 Oberflächen vorbereiten und beschichten

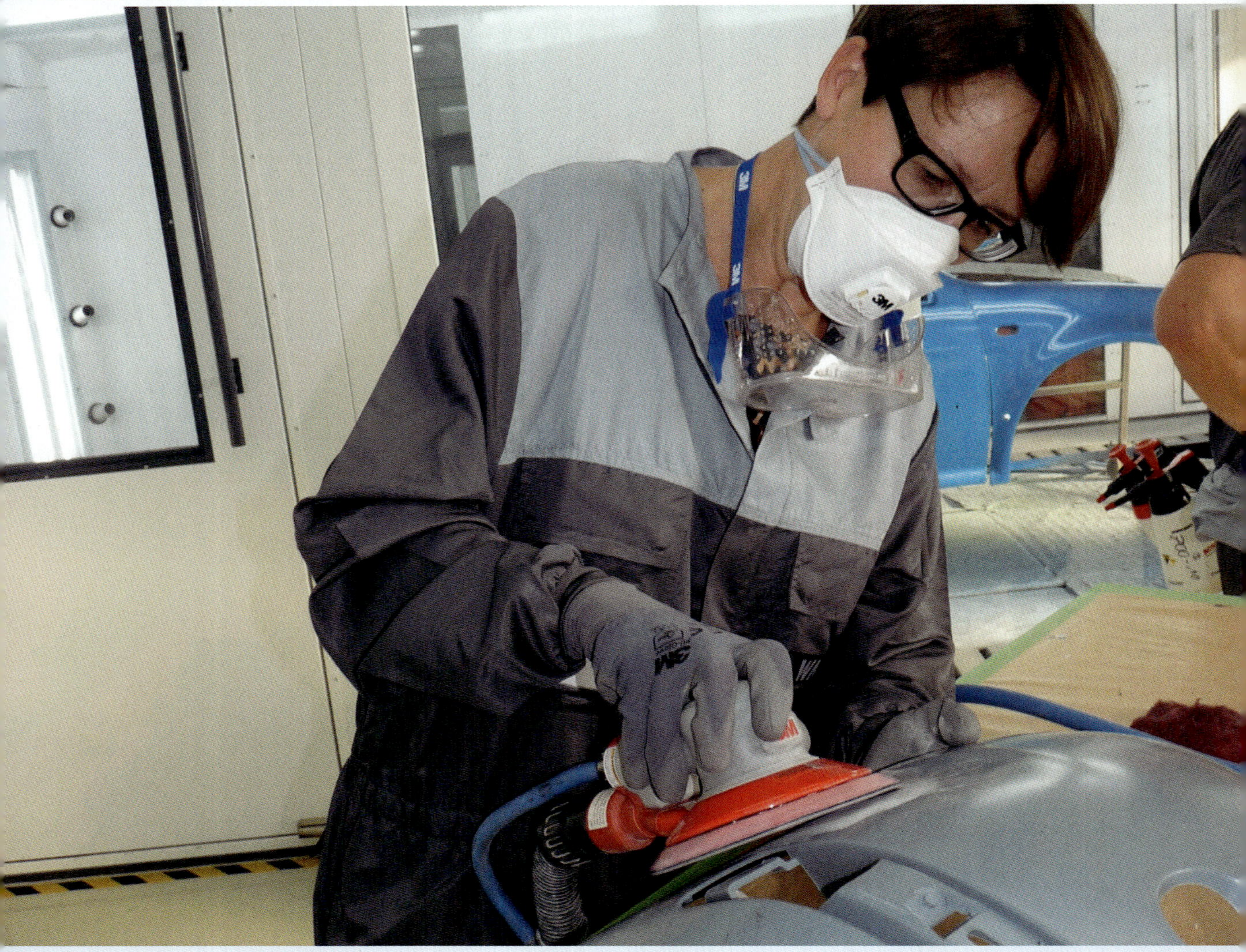

KUNDENAUFTRAG
Erstbeschichtung von Türen

Arbeitsauftrag

Für den Neubau des Kindergartens Schwalbenglück sollen mehrere Türen verschiedenen Typs beschichtet werden.
Der Plan der Schreinerei und Tischlerei Holz weist bei der Bemaßung einige Unstimmigkeiten auf.

Es handelt sich um neue, unbehandelte Holztüren.

Ein entsprechendes Applikationsverfahren ist auszuwählen.

Die Türen sollen eine Gestaltung mit Linien und Bändern erhalten. Hierfür sind unterschiedliche Muster anzufertigen.
Zur Inspiration wurden von der Kindergartenleitung drei Muster vorgelegt.

Auszuführende Arbeiten

1. Der Arbeitsplatz ist entsprechend einzurichten.
2. Die vorhandenen Fensterfüllungen sind abzu-kleben.
3. Der Untergrund ist für die Beschichtung vorzubereiten.
4. Die Grundbeschichtung ist mit dem ausgewählten Applikationsverfahren aufzubringen
5. Die Deckbeschichtung ist mit dem ausgewählten Applikationsverfahren aufzubringen.
6. Es sind verschiedene Muster für die Gestaltung mit Linien und Bändern anzufertigen. Die entworfenen Muster sind dem Kunden zu präsentieren.
7. Die Türflächen sind mit den ausgewählten Gestaltungen zu versehen.
8. Die Maßeinheiten des Planes sind in cm umzurechnen.

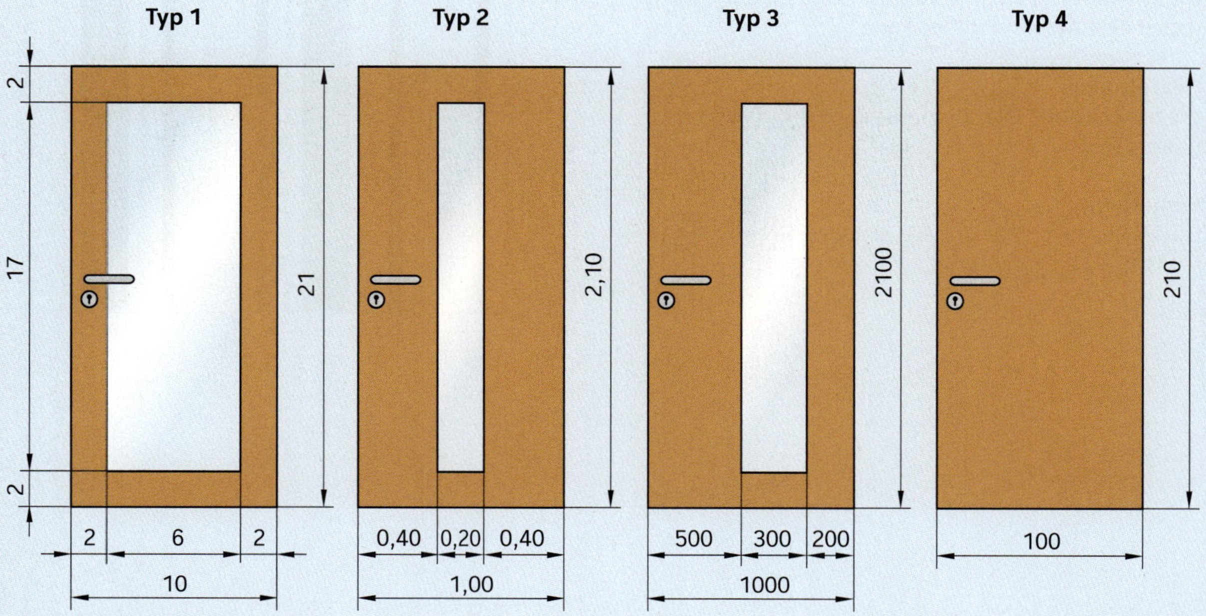

1 Plan der Firma Holz

Objektbeschreibung

Es handelt sich um insgesamt 25 Türen, davon:

- drei Türen Typ 1,
- vier Türen Typ 2,
- vier Türen Typ 3,
- vierzehn Türen Typ 4.

Alle Türen sind Massivholztüren aus unbehandeltem Buchenholz.
Die Türen des Typs 1–3 sind mit Fensterfüllungen aus Sicherheitsglas (Milchglasscheiben) ausgestattet.

Leistungsbeschreibung

Abkleben
Die Fensterfüllungen aus Sicherheitsglas sind mit entsprechenden Abklebe- und Abdeckmaterialien zu schützen.

Beschichtung
Die Holztüren sind fachgerecht vorzubereiten. Sie sind mit einer Grundbeschichtung und einer Deckbeschichtung zu versehen. Ein Applikationsverfahren ist auszuwählen.

Entwurf
Für die Gestaltung mit Linien und Bändern sind mehrere Muster anzufertigen.

Die Entwürfe sind dem Kunden zu präsentieren, damit dieser eine Auswahl treffen kann.

Gestaltung
Die ausgewählte Gestaltung ist auf die Türflächen zu übertragen.

Bemaßung
Die Maßeinheiten des Planes sind in eine einheitliche Maßeinheit umzurechnen.

Beispiele für die Gestaltung mit Linien und Bändern

1.1 Der Arbeitsplatz des Malers und Lackierers und des Fahrzeuglackierers

1 Baustellencontainer

2 Lagerbereich auf einer Malerbaustelle

3 Lagerraum in einem Malerbetrieb

Die Berufe „Maler und Lackierer“ und „Fahrzeuglackierer“ sind aus historischen Gründen eng miteinander verbunden. Trotz ihrer beruflichen Verwandtschaft erhalten die beiden Berufe allerdings gänzlich unterschiedliche Kundenaufträge. Dadurch unterscheiden sich Arbeitstechniken und Beschichtungsobjekte in den meisten Fällen sehr stark voneinander. Aus diesem Grund werden die Arbeiten der beiden Berufe an unterschiedlichen Arbeitsplätzen ausgeführt, wie dies im Folgenden beschrieben wird.

Der Maler und Lackierer verbringt während seiner Tätigkeit die meiste Zeit in den Gebäuden der Auftraggeber. Dies können z. B. Roh- oder Neubauten, bereits bestehende Wohnungen, Geschäfte bzw. sonstige Gebäude und Außenbereiche sein. Keine Malerbaustelle ist wie die andere. Auf jeder Baustelle herrschen aufgrund von Jahreszeiten, Größe, Beschaffenheit usw. unterschiedliche Voraussetzungen.

Bei Malerarbeiten in Neubauten koordiniert die Bauleitung des Generalunternehmers die Arbeiten aller Gewerke; die Mitarbeiter der Einzelfirmen haben sich bei ihr an- und abzumelden. Auf dem Gelände wird entweder ein firmeneigener oder gemieteter Container bzw. Bauwagen zur Aufbewahrung der Werkzeuge und Werkstoffe verwendet oder die Bauleitung weist der Malerkolonne einen abschließbaren Bereich innerhalb des Gebäudes zu, der hierfür verwendet werden kann. Um dort auch Beschichtungsstoffe anzumischen und Werkzeuge zu reinigen, ist ein Wasseranschluss mit Ausguss notwendig. Für die Verwendung von Rührwerken, Airless-Pumpen usw. benötigt man einen Stromanschluss. In bewohnten oder anderweitig benutzten Räumen wird häufig der Raum, in dem gearbeitet wird, gleichzeitig als Lager- und Mischraum verwendet. Hierbei muss – anders als bei Roh- und Neubauten – darauf geachtet werden, den Raum und angrenzende Bereiche nicht zu verschmutzen. Als Erstes müssen hierzu Abdeckarbeiten durchgeführt werden.

Bei Baustellen auf Firmengeländen gelten insbesondere bei mittelständischen bis größeren Industriebetrieben spezielle Vorschriften und Sicherheitsbestimmungen für dort tätige Handwerker. So darf z. B. nicht jedes Gelände ohne gesonderte Genehmigung betreten bzw. befahren werden und die Verwendung elektronischer Geräte und Fotomedien kann eingeschränkt oder verboten sein.

Ein anderer Arbeitsplatz ist die Werkstatt, die sowohl von Maler- als auch Fahrzeuglackierbetrieben benutzt wird. Nur wenige reine Malerbetriebe verfügen noch über größere Werkstattbereiche, in denen Objekte im Kundenauftrag beschichtet werden. Meistens handelt es sich bei den heutigen Malerwerkstätten um kombinierte Lager-, Vorbereitungs- und Arbeitsräume, in denen durchaus kleine Arbeiten durchgeführt werden können. Im Idealfall ist die Malerwerkstatt sauber, hell, trocken und im Winter beheizt. Die Einrichtung des Arbeitsbereichs muss auf die Ausrichtung des Betriebs abgestimmt sein. Darüber hinaus gehören zur Werkstatt

- Schränke für Werkstoffe (z. B. Putze, Spachtel, Tapeten),
- offene Bereiche für Werkzeuge, Gerüstteile, Tapeziertafeln und Leitern,
- Hordenwagen zur Lagerung von Platten oder flachen Objekten,
- Regale für Pinsel, Bürsten, Farbroller, Eimer,
- ein abgetrennter und geschützter Bereich für Beschichtungsstoffe, Lösemittel usw.

Bis zur flächendeckenden Verbreitung der Baumärkte verfügten Malerbetriebe häufig auch über ein Ladengeschäft, in dem sich Heimwerker mit entsprechenden Werkzeugen und Materialien versorgen konnten. Inzwischen spielen diese Läden keine Rolle mehr.
Anders als Malerbetriebe sind Fahrzeuglackierbetriebe in der Regel in einem Gebäude zusammengefasst, in dem sämtliche Arbeiten durchgeführt werden. In diesem Gebäude sind einzelne Bereiche für die entsprechenden Arbeiten abgetrennt. Dies ist notwendig, da z. B. bei Vorbereitungsarbeiten viel Staub anfällt, im Lackierbereich aber unter sehr sauberen Bedingungen gearbeitet werden muss. Zusätzlich müssen Kompressoren, Farbmischanlagen usw. aus Sicherheits- und Sauberkeitsgründen separat untergebracht werden.

1.2 Umweltschutz

Aufgrund des täglichen Umgangs mit Beschichtungsstoffen und Lösemitteln spielt der Umweltschutz im Maler- und Lackiererhandwerk eine wichtige Rolle.
Der Gesetzgeber hat mit der VOC-Verordnung die Reduzierung des Verbrauchs von Lösemitteln in Betrieben veranlasst. Die Decopaint-Richtlinie, genauer: Lösemittelhaltige Farben- und Lack-Verordnung (ChemVOCFarbV), stellt Anforderungen an die Reduzierung des Lösemittelgehaltes in Anstrichstoffen für Maler (Tab. 1).
Über die Gefährdungspotenziale von Beschichtungsstoffen kann man sich bei der zuständigen Berufsgenossenschaft informieren.
Wenn möglich, sollte der Maler und Lackierer auf wasserverdünnbare, nahezu lösemittelfreie Materialien oder auf konventionelle Beschichtungsstoffe mit einem hohen oder sehr hohen Festkörperanteil (HS=High Solid, VHS=Very High Solid) zurückgreifen. Lösemittel fördern nicht nur die Bildung bodennahen Ozons, sondern können auch das Nervensystem, die inneren Organe, die Schleimhäute und die Haut der Anwender erheblich schädigen.

Tab. 1: Lösemittelgehalte nach Decopaint-Richtlinie

Produktkategorie	Typ	VOC in g/l im gebrauchsfertigen Produkt
Beschichtungsstoffe für Holz-, Metall- oder Kunststoffe für Bauwerke, ihre Bauteile und dekorativen Bauelemente (innen und außen)	Wasserbasis	130
	Lösemittelbasis	300
Klarlacke und Lasuren für Bauwerke, ihre Bauteile und dekorativen Bauelemente (innen und außen) einschließlich sogenannter deckender Lasuren	Wasserbasis	130
	Lösemittelbasis	400
Beschichtungsstoffe für mineralische Untergründe (außen)	Wasserbasis	75
	Lösemittelbasis	430
Beschichtungsstoffe für Innenwände und Decken (matt)	Wasserbasis	30
	Lösemittelbasis	30
Beschichtungsstoffe für Innenwände und Decken (glänzend)	Wasserbasis	100
	Lösemittelbasis	100

1.3 Persönliche Schutzausrüstung

Maler und Lackierer kommen nicht nur mit gesundheitsgefährdenden Materialien in Kontakt, sondern auch mit risikoreichen Arbeitsstellen. Um Unfälle und Gesundheitsgefährdungen zu vermeiden, ist eine entsprechende persönliche Schutzausrüstung unverzichtbar. Der Arbeitgeber ist verpflichtet, dem Arbeitnehmer seine persönliche Schutzausrüstung zur Verfügung zu stellen. Zusätzlich müssen alle Mitarbeiter laut Arbeitsschutzgesetz § 12 einmal pro Jahr in einer betrieblichen Schulung über die in seinem Betrieb verwendeten Gefahrstoffe und die jeweiligen Schutzmaßnahmen informiert werden.

1.3.1 Atemschutz

Als leichter Atemschutz (Abb. 1) gelten Masken gegen feste oder flüssige Teilchen (Partikel). Masken sind unter anderem bei Schleifarbeiten zu verwenden und schützen gegen Staub, Rauch und Nebel. Gegen Gase, Dämpfe und Partikel schützen Atemmasken mit dem Gebotszeichen in Abbildung 2. Diese Atemschutzmasken werden in drei Kategorien eingeteilt:

- Halbmasken
- belüftete Halbmasken
- belüftete Sicherheitshaube

1 Gebotszeichen Maske benutzen

2 Gebotszeichen Atemschutz benutzen

3 Gebotszeichen Handschutz benutzen

1.3.2 Schutzhandschuhe

Das Tragen eines Schutzhandschuhs ist zum Schutz der Hände, Finger und ggf. Arme unverzichtbar. Ein passender Schutzhandschuh ist Bestandteil der persönlichen Schutzausrüstung (PSA) (Abb. 3). Bei der Auswahl des entsprechenden Schutzhandschuhs ist die richtige Einschätzung der Gefährdung und Belastung bei den durchzuführenden Tätigkeiten unerlässlich, da es keine universell einsetzbaren Schutzhandschuhe gibt. Die auf dem europäischen Markt angewendeten Schutzhandschuhe müssen bestimmte Norm-Voraussetzungen erfüllen. Diese sind in der DIN EN ISO 21420 geregelt.

Zusätzlich werden Schutzhandschuhe in folgende Gruppen unterteilt:
DIN EN 388 Schutzhandschuhe gegen mechanische Risiken
DIN EN ISO 4618 Schutzhandschuhe gegen Chemikalien und Mikroorganismen
DIN EN 407 Schutzhandschuhe gegen Wärme und Feuer

1.3.3 Umgang mit Zweikomponenten-Systemen

Beim Arbeiten mit Zweikomponenten-Systemen werden Gefahrstoffe verwendet, die gesundheitsschädigend sein können. Zu Gefahrstoffen zählen alle Stoffe, die mindestens eine der folgenden Eigenschaften besitzen.

Tab. 2: Eigenschaften von Gefahrstoffen

explosionsgefährlich	ätzend
brandfördernd	reizend
hochentzündlich	sensibilisierend
leichtentzündlich	krebserzeugend
entzündlich	fortpflanzungsgefährdend
sehr giftig	erbgutgefährdend
giftig	umweltgefährlich
gesundheitsschädlich	

Je nach verwendetem zweikomponentigem Beschichtungssystem sind besondere Schutzmaßnahmen bei der Verarbeitung zu beachten und einzuhalten. Besondere Beachtung sollte die Einhaltung von Augen-, Atem- und Körperschutz erhalten.

Sicherer Umgang mit Epoxidharz
Das Problem beim Verarbeiten von Epoxidharzen ist, dass die Inhaltsstoffe des Harzes Allergie auslösend und sensibilisierend sein können. Die Aminhärter sind ätzend, giftig und zum Teil Allergie auslösend und sensibilisierend. Sensibilisierte Personen können später bereits auf zunehmend geringere Mengen an Epoxidharzen allergisch reagieren. Von daher muss möglichst jeglicher Hautkontakt mit nicht ausgehärteten Epoxidharzen vermieden werden.

Sicherer Umgang mit Polyurethan
Die isocyanathaltigen Inhaltsstoffe des Harzes sind giftig und sehr reaktionsfreudig. Sie können bei Kontakt mit Bestandteilen der Haut reagieren und zu starken Schädigungen führen. Isocyanatspritzer in den Augen können zu schwereren Augenschäden führen.

Isocyanate können akute und chronische Schäden an den Atemwegen hervorrufen.

Sicherer Umgang mit ungesättigtem Polyester
Bei der Verarbeitung von ungesättigtem Polyester werden Peroxide als Initiator hinzugegeben. Peroxide sind relativ instabile, temperaturempfindliche Verbindungen, die brandfördernd sind. Peroxide sollten daher unbedingt von Zündquellen ferngehalten werden. Einige Peroxide können bei Haut- oder Augenkontakt zu starken Verätzungen führen.

1.3.4 Weitere Schutzmaßnahmen

Beim Umgang mit Gefahrstoffen gelten folgende Hinweise:

- Hautkontakt vermeiden
- Nur am dafür vorgesehenen Arbeitsplatz arbeiten
- Auf gute Be- und Entlüftung des Arbeitsplatzes achten
- Verschmutzte Kleidung rechtzeitig wechseln
- Verbot von Essen und Trinken beim Arbeiten mit Gefahrstoffen
- Geeigneten Hautschutz verwenden
- Betriebsanweisung beachten

In Tabelle 2 sind die gängigen Gebotszeichen, deren Bedeutung und die daraus resultierende Schutzausrüstung ausgeführt.

Tab. 1: Gebotszeichen und die geeignete persönliche Schutzausrüstung

Gebotszeichen	Bedeutung	Schutzausrüstung	Hinweise
	Augenschutz benutzen		Umgang mit ätzenden Stoffen, sowie bei Schleifarbeiten
	Gesichtsschutz benutzen		Umgang mit ätzenden Stoffen, sowie bei Schleif- und Strahlarbeiten
	Kopfschutz benutzen		Schützt vor herabfallenden Teilen bei Gerüstarbeiten sowie vor Unfällen mit schwebenden Lasten. Auf Baustellen ist immer ein Schutzhelm zu tragen.
	Gehörschutz benutzen		Umgang mit lauten Maschinen, zum Beispiel Kreissägen, Kompressoren
	Schutzschuhe benutzen		Sind erforderlich auf Baustellen, um Fußverletzungen durch Nageldurchtritt und Quetschungen zu vermeiden
	Schutzkleidung benutzen		Schützt den kompletten Körper vor Farbspitzern, aggressiven Materialien, sowie mechanischen Einwirkungen
	Auffanggurt benutzen		Ist beim Arbeiten auf großen, und ausgesetzten Höhen erforderlich

1.3.5 Sicherheitskennzeichnung am Arbeitsplatz

Entsprechende Sicherheits- und Gefahrensymbole müssen am Arbeitsplatz gut sichtbar angebracht sein. Zweck dieser Sicherheitskennzeichnung ist es, schnell und verständlich die Aufmerksamkeit auf Gegenstände und Sachverhalte zu lenken, die bestimmte Gefahren verursachen können. Die Umsetzung der Sicherheits- und Gefahrensymbole ist in der DIN 4844-2 und in den Technischen Regeln für Arbeitsstätten, ASR A1.3 Sicherheits- und Gesundheitsschutzkennzeichnung, geregelt.

Begriffsbestimmung
Im Sinne der Unfallverhütungsvorschriften wird unter anderem wie folgt unterschieden. Die Sicherheits- und Gesundheitsschutzkennzeichnung ist eine Kennzeichnung, die – bezogen auf einen bestimmten Gegenstand, eine bestimmte Tätigkeit oder eine bestimmte Situation – jeweils mittels eines Sicherheitszeichens, einer Farbe, eines Leucht- oder Schallzeichens, eines Sprechzeichens oder eines Handzeichens eine Sicherheits- und Gesundheitsschutzaussage (Sicherheitsaussage) ermöglicht.
Verbotszeichen sind Sicherheitszeichen, die ein Verhalten, durch das eine Gefahr entstehen kann, untersagt.
Warnzeichen sind Sicherheitszeichen, die vor einem Risiko oder einer Gefahr warnen, z. B. Brandgefahr.
Gebotszeichen sind Sicherheitszeichen, die ein bestimmtes Verhalten vorschreiben, z. B., welche persönliche Schutzausrüstung zu tragen ist.
Rettungszeichen sind Sicherheitszeichen, die den Rettungsweg oder Notausgang, den Weg zu einer Erste-Hilfe-Einrichtung oder diese Einrichtung selbst kennzeichnet.
Brandschutzzeichen sind Sicherheitszeichen, die Standorte von Feuermelde- und Feuerlöscheinrichtungen kennzeichnen. Die Wartungsintervalle von Feuerlöschern usw. sind unbedingt einzuhalten.

Ein Bildzeichen ist ein bestimmtes grafisches Symbol das eine Situation beschreibt oder ein Verhalten vorschreibt und auf einem Sicherheitszeichen oder einer Leuchtfläche angeordnet ist. Eine Sicherheitsfarbe ist eine Farbe, der eine bestimmte, auf die Sicherheit bezogene Bedeutung zugeordnet ist.

Tab. 2: Sicherheits- und Gefahrensymbole nach DIN 4844-2 und ASR A1.3

Beschreibung	Zeichen
▪ **Verbotszeichen** ist ein Sicherheitszeichen, das ein Verhalten, durch das eine Gefahr entstehen kann, untersagt.	
▪ **Warnzeichen** ist ein Sicherheitszeichen, das vor einem Risiko oder einer Gefahr warnt.	
▪ **Gebotszeichen** ist ein Sicherheitszeichen, das ein bestimmtes Verhalten vorschreibt.	
▪ **Rettungszeichen** ist ein Sicherheitszeichen, das den Rettungsweg oder Notausgang, den Weg zu einer Ersten-Hilfe-Einrichtung oder diese Einrichtung selbst kennzeichnet.	
▪ **Brandschutzzeichen** ist ein Sicherheitszeichen, das Standorte von Feuermelde- und Feuerlöscheinrichtungen kennzeichnet.	

Tab. 3: Bedeutung der Sicherheitsfarbe und der geometrischen Form

Sicherheitsfarbe	Form	Bedeutung oder Aufgabe	Anwendungsbeispiele
Rot	○ □	Halt/ Verbot/ Brandschutz	Verbotszeichen, Kennzeichnung von Material zur Feuerbekämpfung
Gelb	△	Warnung/ Vorsicht/ Mögliche Gefahr	Hinweis auf Gefahren
Grün	□ ▭	Gefahrlosigkeit/ Rettung/ Erste Hilfe	Kennzeichnung von Rettungswegen
Blau	○ ▭	Gebot/ Hinweis	Besonderes Verhalten oder Tätigkeit

1.3.6 Vermeidung von Gefahren

Neben der Verwendung der geeigneten Schutzausrüstung sind Hinweise zur Vermeidung von Gefahren zu beachten:

- Gesundheitsgefährdende Arbeitsverfahren und gesundheitsschädigende Substanzen sind durch weniger belastende zu ersetzen.
- Neuere technische Verfahren können möglicherweise Gefährdungen durch veraltete Technik reduzieren.
- Mitarbeiter sollten sich während des Arbeitens abwechseln, damit nicht nur eine Person der gesamten starken Belastung ausgesetzt ist.

1.3.7 Betriebsanweisungen

Betriebsanweisungen sind schriftliche Anordnungen und Verhaltensregeln des Arbeitgebers an die Beschäftigten. Sie beziehen sich auf den Umgang mit gefährlichen Stoffen und Zubereitungen bei einer bestimmten Tätigkeit und an einem bestimmten Arbeitsplatz. Sie dienen bei Tätigkeiten mit Gefahrstoffen dem Schutz vor

- Unfallgefahren,
- Gesundheitsgefährdungen,
- Brand und Explosionsgefährdungen sowie
- dem Schutz der Umwelt.

Der Arbeitgeber trägt hier die Verantwortung dafür, dass z. B. ein Auszubildender zum Fahrzeuglackierer vor der Aufnahme einer Tätigkeit Gelegenheit hat, die Betriebsanweisung zu lesen.
In Betrieben der Fahrzeuglackierer oder Maler und Lackierer ist es üblich, Sammel- oder Gruppenbetriebsanweisungen herauszugeben, da bei Beschichtungsstoffen häufig ähnliche Gefährdungen bestehen und vergleichbare Schutzmaßnahmen gelten.
Betriebsanweisungen nach TRGS 555 bestehen aus folgenden Inhalten:

1. **Arbeitsbereiche, Arbeitsplatz, Tätigkeit**
   Hier wird festgelegt, für welchen Betrieb, Arbeitsbereich, Arbeitsplatz und für welche Tätigkeit die Betriebsanweisung gilt.

2. **Gefahrstoffe (Bezeichnung)**
   Der Gefahrstoff wird benannt. Bei Gemischen sind dies häufig die Handelsnamen.

3. **Gefahren für Mensch und Umwelt**
   Hier werden die möglichen Gefahren beschrieben, die das Arbeiten mit dem Gefahrstoff mit sich bringt. Häufig werden die H-Sätze und EUH-Sätze verwendet oder sie werden verständlich umschrieben. Gefahrenpiktogramme dienen häufig als aussagekräftige Unterstützung.

4. **Schutzmaßnahmen und Verhaltensregeln**
   Hier werden die Schutzmaßnahmen und Verhaltensregeln beschrieben, die der Beschäftigte beachten muss. Sie dienen seinem Schutz, aber auch dem Schutz seiner Kollegen am Arbeitsplatz. Sie werden unterteilt in technische und organisatorische Schutzmaßnahmen, Hygienevorschriften und persönliche Schutzausrüstung. Hier wird auch darauf hingewiesen, dass z.B. schwangere Personen nicht mit bestimmten Stoffen arbeiten dürfen (Beschäftigungsbeschränkungen).

5. **Verhalten im Gefahrenfall**
   Unter diesem Punkt werden Maßnahmen aufgeführt, die bei einem Unfall und/oder Gefahrenfall durchzuführen sind. Hier steht z.B., welches Löschmittel verwendet werden kann und welche notwendigen Maßnahmen gegen Umweltgefährdungen getroffen werden müssen.

6. **Erste Hilfe**
   Die Maßnahmen zur Ersten Hilfe werden hier aufgeführt. Außerdem findet man hier Informationen darüber, wann ein Arzt hinzugezogen werden muss und was man vermeiden sollte. Auch stehen unter diesem Punkt die Notrufnummern.

7. **Sachgerechte Entsorgung**
   Hier wird beschrieben, ob der Gefahrstoff z. B. im Behälter gesammelt und bei bestimmten Stellen abgegeben werden muss oder ob er im Haushaltsmüll entsorgt werden kann.

Betrieb: Malermeister Mustermann	**BETRIEBSANWEISUNG**	Nr: 15 gemäß § 14 Gefahrstoffverordnung

Baustelle/Tätigkeit: Zur Einstellung der Viskosität von Lacken auf Zweikomponentenbasis

1. Gefahrstoffbezeichnung

Universalverdünner, Spezialverdünnungsmittel, GISCODE: M-VM04

Signalwort: Gefahr

2. Gefahren für Mensch und Umwelt

Einatmen oder Aufnahme durch die Haut kann zu Gesundheitsschäden führen. Reizt die Atemwege, Augen, Haut. Vorübergehende Beschwerden (Schwindel, Kopfschmerzen, Übelkeit, Konzentrationsstörungen) möglich. Kann Erbrechen, Rausch, Herzrhythmusstörung, Nervenschaden, Blutbildveränderungen, Leberschaden, Nierenschaden verursachen. Das Produkt ist leicht entzündbar. Erhöhte Entzündungsgefahr bei durchtränktem Material (z.B. Kleidung, Putzlappen). Eindringen in Boden, Gewässer und Kanalisation vermeiden!

3. Schutzmaßnahmen und Verhaltensregeln

Arbeiten bei Frischluftzufuhr, vor allem im Bodenbereich! In schlecht gelüfteten Räumen nur mit Absaugung arbeiten. Nur ex-geschützte Be-/ Entlüftungsgeräte verwenden! Von Zündquellen fernhalten! Nicht rauchen! Keine offenen Flammen! Kriechende Dämpfe können in größerer Entfernung zur Entzündung führen! Schlag und Reibung vermeiden! Nur ex-geschützte und funkenfreie Werkzeuge verwenden! BEI ANWENDUNG FÜR DIE SPRITZLACKIERUNG: Arbeitsbereich abgrenzen. Schilder (Verbot offener Flammen, Ex-Gefahr) aufstellen! ALLGEMEIN GILT: Vorratsmenge auf einen Schichtbedarf beschränken! Gefäße nicht offen stehen lassen! Berührung mit Augen, Haut und Kleidung vermeiden! Vorbeugend Hautschutzsalbe auftragen, um die Hautreinigung zu erleichtern. Produktreste von der Haut entfernen! Nach Arbeitsende und vor jeder Pause Hände gründlich reinigen! Produkt selbst nicht zur Hautreinigung verwenden. Hautpflegemittel verwenden! Verunreinigte Kleidung wechseln! Nach Arbeitsende Kleidung wechseln! Straßenkleidung getrennt von Arbeitskleidung aufbewahren! Beschäftigungsbeschränkungen beachten!
Augenschutz: Bei Spritzgefahr: Korbbrille!
Handschutz: Handschuhe aus Butylkautschuk. Beim Tragen von Schutzhandschuhen sind Baumwollunterziehhandschuhe empfehlenswert.
Atemschutz: Bei Handanstrich Gasfilter A— (braun) tragen. Bei Spritzverfahren Kombifilter A—-P2 (braun-weiß) tragen. Achtung, bei acetonhaltigen Verdünnungsmitteln: Ausschließlich umgebungsluftunabhängiges Atemschutzgerät verwenden!
Hautschutz: Für alle unbedeckten Körperteile fettfreie oder fettarme Hautschutzsalbe verwenden
Körperschutz: Bei Spritzverfahren: (Einweg-)Chemikalienschutzanzug.

4. Verhalten im Gefahrfall

Mit saugfähigem unbrennbaren Material (z.B. Kieselgur, Sand) aufnehmen und entsorgen! Ausgelaufene Flüssigkeit nur mit persönlicher Schutzausrüstung beseitigen! Produkt ist brennbar, geeignete Löschmittel: Kohlendioxid, Schaum, Löschpulver oder Wassernebel. Nicht zu verwenden: Wasser im Vollstrahl! Bei Brand in der Umgebung Behälter mit Sprühwasser kühlen! Berst- und Explosionsgefahr bei Erhitzung! Brandbekämpfung nur mit umgebungsluftunabhängigem Atemschutzgerät und Vollschutzanzug!
Zuständiger Arzt:
Unfalltelefon:

5. Erste Hilfe

Bei jeder Erste-Hilfe-Maßnahme: Selbstschutz beachten und umgehend Arzt verständigen.
Nach Augenkontakt: 10 Minuten unter fließendem Wasser bei gespreizten Lidern spülen oder Augenspüllösung nehmen. Immer Augenarzt aufsuchen!
Nach Hautkontakt: Verunreinigte Kleidung sofort ausziehen. Mit viel Wasser und Seife reinigen.
Nach Einatmen: Frischluft! Bei Bewusstlosigkeit Atemwege freihalten (Zahnprothesen, Erbrochenes entfernen, stabile Seitenlagerung), Atmung und Puls überwachen. Bei Atem- oder Herzstillstand: künstliche Beatmung und Herzdruckmassage.
Nach Verschlucken: Kein Erbrechen auslösen, nichts zu trinken geben. Verschlucken kann zu Lungenschädigung führen. Krankenhaus!
Ersthelfer:

6. Sachgerechte Entsorgung

Nicht in Ausguss oder Mülltonne schütten! Zur Entsorgung sammeln in:
Flüssige Produktreste:

Datum: 05.02.2019	Unterschrift

1.3.8 Flucht- und Rettungsplan

Der Arbeitgeber hat dafür zu sorgen, dass Verkehrswege, Fluchtwege und Notausgänge ständig freigehalten werden, damit sie jederzeit benutzbar sind (vgl. ArbStättV § 4). Das bedeutet, dass im Gefahrenfall (z. B. wenn es brennt) sichergestellt sein muss, dass die Arbeitsstätte (z. B. der Betrieb oder die Baustelle) verlassen werden kann.
Der Arbeitgeber hat einen Flucht- und Rettungsplan aufzustellen, wenn Lage, Ausdehnung und Art der Benutzung der Arbeitsstätte dies erfordern (vgl. ArbStättV § 4). Nicht jeder Betrieb benötigt einen Flucht- und Rettungsplan. Mit einer sogenannten Gefährdungsbeurteilung überprüft der Arbeitgeber die Gegebenheiten. Wenn beispielsweise sehr lange Fluchtwege vorliegen, die baulichen Anlagen unübersichtlich sind oder sich viele Personen in einem Gebäude aufhalten, die ortsunkundig sind, benötigt man einen Flucht- und Rettungsplan. Brand- oder explosionsgefährdete Anlagen wie der Lackierbereich eines Fahrzeuglackiererbetriebes stellen besondere Gefahren dar, die ebenfalls einen Flucht- und Rettungsplan erforderlich machen.
Mindestens einmal im Jahr muss der Arbeitgeber seine Beschäftigten über das Verhalten im Gefahrenfall und über den Inhalt der Flucht- und Rettungspläne informieren.

Flucht- und Rettungspläne müssen nach Vorgaben der DIN ISO 23601 gestaltet werden. Sie sind

- aktuell,
- übersichtlich,
- gut lesbar,
- farblich gestaltet und
- haben mindestens das Format DIN A3.

Sie enthalten in dem Gebäudegrundriss Informationen über

- den Verlauf der Fluchtwege,
- die Lage der Erste-Hilfe-Einrichtungen,
- die Lage der Brandschutzeinrichtungen,
- die Lage der Sammelstellen sowie
- den Standort des Betrachters.

Außerdem sollen in jedem Flucht- und Rettungsplan Regeln für das Verhalten im Brandfall und das Verhalten bei Unfällen integriert werden.

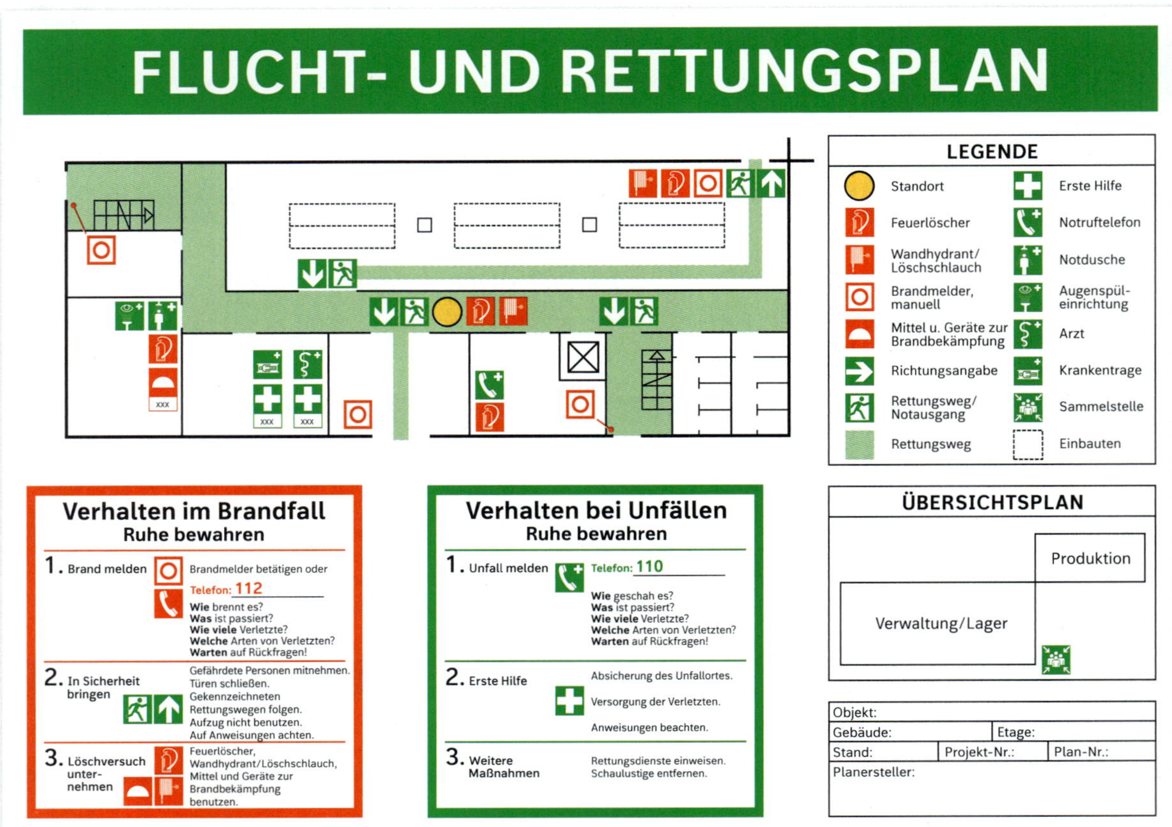

1 Flucht und Rettungsplan

1.4 Global Harmonisiertes System, GHS

Das GHS, Globally Harmonized System of Classification, Labeling and Packaging of Chemicals (global abgestimmtes System zur Einstufung von Chemikalien) ist ein weltweit einheitliches System zur Kennzeichnung und Einstufung der Gefährdung durch Chemikalien. Das GHS wurde innerhalb der Europäischen Union seit 2010 für Stoffe und seit 2015 für Stoffgemische wie Beschichtungsstoffe eingeführt. Anstelle der EU-Kennzeichen und -Gefahrensymbole treten einheitliche Gefahrenpiktogramme und Signalworte, „Achtung" oder „Gefahr" auf (siehe Tab. 1, folgende Seite). Die Risiko- und Sicherheitssätze (R- und S-Sätze) wurden durch Hazard Statements (Gefährdungen) und Precautionary Statements (Sicherheitshinweise), verkürzt H- und P-Sätze, ersetzt. Zusätzlich wurden besonders starke Gefährdungen innerhalb der Europäischen Union durch EUH-Sätze ergänzt.

Die H- und P-Sätze sind nach und nach gebräuchlich geworden. Die Sätze sind mit vorangestelltem Buchstaben und einer dreistelligen Nummer versehen, die Aufschluss über die Art der Gefährdung und die zugehörigen Sicherheitsmaßnahmen geben. Im Folgenden sind einige Beispiele für Kodierungen nach GHS aufgeführt.

H-Sätze

Die „200er"-Reihe bezieht sich auf physikalische Gefahren.

- H224: Flüssigkeit und Dampf extrem entzündbar
- H224: Erwärmung kann Explosion verursachen.

Die „300er"-Reihe bezieht sich auf Gesundheitsgefahren.

- H301: Giftig bei Verschlucken
- H311: Giftig bei Hautkontakt
- H331: Giftig bei Einatmen

Die „400er"-Reihe bezieht sich auf Umweltgefahren.

- H400: Sehr giftig für Wasserorganismen
- H412: Schädlich für Wasserorganismen

P-Sätze

Die „100er"-Reihe bezieht sich auf allgemeine Gefahren.

- P102: Darf nicht in die Hände von Kindern gelangen
- P103: Vor Gebrauch Kennzeichnungsetikett lesen

Die „200er"-Reihe bezieht sich auf Prävention.

- P232: Vor Feuchtigkeit schützen
- P234: Nur im Originalbehälter aufbewahren
- P261: Einatmen von Staub, Rauch, Gas, Nebel, Aerosol vermeiden
- P271: Nur im Freien oder in gut belüfteten Räumen verwenden

Die „300er"-Reihe bezieht sich auf Reaktionen.

- P330: Mund ausspülen
- P331: Kein Erbrechen herbeiführen

Die „400er"-Reihe bezieht sich auf Aufbewahrung.

- P402: Nur an einem trockenen Ort aufbewahren
- P412: Nicht Temperaturen von über 50 °C aussetzen

Die „500er"-Reihe bezieht sich auf Entsorgung.

- P501: Inhalt, Behälter etc. zurückführen an ...
- P502 Informationen zur Wiederverwendung/Wiederverwertung beim Hersteller/Lieferanten erfragen

EUH-Sätze

Einige der alten R-Satz-Kennzeichnungselemente sind vom GHS-System nicht berücksichtigt worden. Diese wurden in europäische H-Sätze (EUH-Sätze) überführt, um den Schutzstandard zu erhalten.

Im Folgenden sind beispielhaft einige EUH-Sätze aufgeführt.

- EUH014: Reagiert heftig mit Wasser
- EUH029: Entwickelt bei Berührung mit Wasser giftige Gase
- EUH202: Cyanacrylat. Gefahr. Klebt innerhalb von Sekunden Haut und Augenlider zusammen. Darf nicht in Kinderhände gelangen

Die einheitlichen Gefahrenpiktogramme werden anstelle der alten orange-schwarzen Gefahrensymbole verwendet.

Tab. 1: GHS-Gefahrenpiktogramme

Gefahrensymbol, Piktogramm	Bezeichnung	Kodierung	Gefahrenklasse, Art der Gefahr	Signalwort
	Explodierende Bombe	GHS01	Instabile explosive Stoffe, Gemische und Erzeugnisse mit Explosivstoff(en), selbstzersetzliche Stoffe und Gemische	Gefahr
	Flamme	GHS02	Entzündbar, selbsterhitzungsfähig, selbstzersetzlich	Gefahr
	Flamme über einem Kreis	GHS03	Entzündend, oxidierend wirkend	Gefahr
	Gasflasche	GHS04	Gase unter Druck, verdichtete, verflüssigte, tiefgekühlte, gelöste Gase	Achtung
	Ätzwirkung	GHS05	Auf Metall korrosiv wirkend, hautätzend, schwere Augenschädigung	Achtung/Gefahr
	Totenkopf mit gekreuzten Knochen	GHS06	Akute Toxizität (Giftigkeit)	Gefahr
	Gesundheitsgefahr	GHS07	Div. Gesundheitsgefahren wie allergieauslösend, krebserzeugend (carcinogen), erbgutverändernd (mutagen)	Gefahr
	Ausrufezeichen	GHS08	je nach Einsatz, zur **zusätzlichen** Kennzeichnung diverser Gefahren wie Reizung der Augen, Haut oder Atemwegsorgane	
	Umwelt	GHS09	Gewässergefährdend	Achtung/Gefahr

Gemäß Tabelle 1 gibt es keine Differenzierung mehr zwischen „giftig“ und „sehr giftig“ sowie „gesundheitsschädlich, Xn“ und „reizend, Xi“ wie bei den alten Gefahrensymbolen. Die entsprechenden Gefahren- und Sicherheitsvorschriften sind den H- und P-Sätzen zu entnehmen.

Es ist darauf zu achten, dass die Kennzeichnungsetiketten mindestens zwei Drittel der Fläche der Etikettengröße einnehmen. Sie müssen lesbar sein, dürfen nicht verschmutzt oder teilweise entfernt worden sein.

Daraus ergeben sich nach GHS Mindestanforderungen für ein Kennzeichnungsetikett für Gefahrstoffe (siehe Abb. 1).

Chemikalie	Methanol
Produktidentifikation bzw. Stoffzusammensetzung	(Lösemittel) 603-001-00-X
Piktogramme	
Signalwort	GEFAHR
H-Sätze (Gefahrenhinweise)	Flüssigkeit und Dampf leicht entzündbar Giftig bei Verschlucken Giftig bei Hautkontakt Giftig bei Einatmen Schädigt Organe
P-Sätze	Unter Verschluss aufbewahren. Behälter dicht verschlossen halten. Von Hitze, Funken, offenen Flammen fernhalten. Nicht rauchen. Schutzhandschuhe, Schutzkleidung, Augenschutz, Gesichtsschutz tragen. Bei KONTAKT MIT DER HAUT mit viel Wasser und Seife waschen. Bei Exposition (dem Gefahrstoff ausgesetzt sein) oder Unwohlsein sofort das GIFTINFORMATIONSZENTRUM oder den Arzt anrufen.
Nennmenge des Stoffes oder Stoffgemisches	50 l
Angaben zum Lieferanten	Chemoflex Methanolstraße 12 C 30001 Methylheim Tel. 7777 7777

1 Etikett Methanol

1.5 Technische Merkblätter und Sicherheitsdatenblätter

Damit geliefertes Beschichtungsmaterial auch korrekt verarbeitet wird, bietet der Hersteller dem Verarbeiter technische Merkblätter an, aus denen der Handwerker alle notwendigen Informationen zur Anwendung entnehmen kann.
Für den Umgang mit gefährlichen Materialien, zu denen auch die meisten Beschichtungsstoffe gehören, müssen Hersteller, Importeure und Händler den Verbraucher informieren. Dies schreiben die Gefahrstoffverordnung und verschiedene EU-Richtlinien vor. Dazu dient das Sicherheitsdatenblatt.

Inhalte Technischer Merkblätter

- Kurzbeschreibung (Anwendungsgebiete)
- Technische Daten (Rohstoffbasis, Flammpunkt, Dichte, Festkörperanteil, Anteile organischer Lösemittel)
- Untergrundvorbereitung
- Verarbeitung (Verarbeitungstemperatur, Auftragsverfahren, Trocknungs-/Härtungszeit, Verbrauch, Reinigung der Werkzeuge)
- Lagerung und Entsorgung

Inhalte von Sicherheitsdatenblättern

- Firmenbezeichnung (Hersteller)
- Bezeichnung des Stoffs/Gemischs sowie Verwendungszweck
- Mögliche Gefahren (für Menschen und Umwelt) mit Gefahren- und Sicherheitshinweisen
- Zusammensetzung/Angaben zu Bestandteilen (chemische Charakterisierung des Produkts)
- Erste-Hilfe-Maßnahmen (bei Einatmen, Haut-, Augenkontakt, Verschlucken)
- Maßnahmen zur Brandbekämpfung (Löschmittel, Schutzausrüstung)
- Maßnahmen bei unbeabsichtigter Freisetzung (Umweltschutz, Reinigung)
- Handhabung und Lagerung
- Expositionsbegrenzung und persönliche Schutzausrüstung (technische Anlagen, Grenzwerte für Verarbeiter und Umwelt)
- Physikalische und chemische Eigenschaften (Aussehen, Erscheinungsbild, technische Daten)
- Stabilität und Reaktivität (zu vermeidende Bedingungen und Stoffe, gefährliche Zersetzungsprodukte)
- Angaben zur Toxikologie (Auswirkungen auf die Gesundheit)
- Umweltbezogene Angaben
- Hinweise zur Entsorgung (Produkt, Verpackung)
- Angaben zum Transport
- Vorschriften zu Sicherheit, Gesundheits- und Umweltschutz

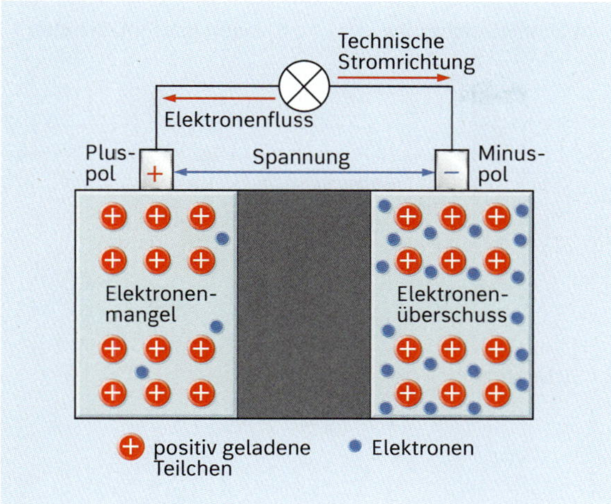

1 Spannung und Stromfluss

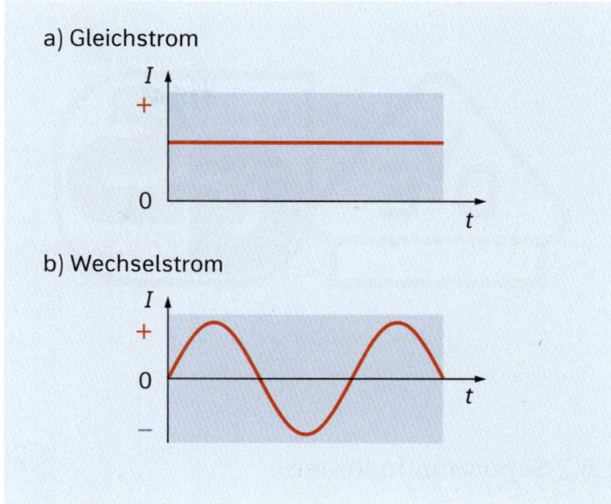

2 Stromarten

1.6 Umgang mit elektrischen Geräten, Maschinen und Anlagen

1.6.1 Elektrischer Stromkreis

Ein elektrischer Stromkreis besteht aus einer Spannungsquelle, den elektrischen Leitungen und einem Verbraucher (Tab. 1).

Tab. 1: Teile eines Stromkreises

Teile eines Stromkreises	Beispiele
Spannungsquelle	Netzgerät, Generator, Batterie, Akkumulator
Leiter	elektrische Leitungen
Verbraucher	Glühlampe, Motor

Elektrische Spannung entsteht durch Trennen von elektrischen Ladungen. Am Minuspol einer Spannungsquelle überwiegen negativ geladene Teilchen, die Elektronen. Am Pluspol überwiegen die positiv geladenen Teilchen, dort herrscht Elektronenmangel (Abb. 1). Werden die Pole einer Spannungsquelle durch einen elektrischen Leiter verbunden, fließen die Elektronen vom Minuspol zum Pluspol.

Es ist festgelegt, dass der elektrische Strom vom Pluspol zum Minuspol fließt. Dies nennt man die technische Stromrichtung.

Die **technische Stromrichtung** geht vom Pluspol zum Minuspol.

Bewegen sich die Elektronen stets in die gleiche Richtung, so spricht man von Gleichstrom (Direct Current, DC). Batterien und Akkumulatoren liefern Gleichstrom. In einem Diagramm, in dem der Strom in Abhängigkeit von der Zeit dargestellt wird, ergibt sich eine Parallele zur Zeitachse (Abb. 2a). In grafischen Darstellungen verwendet man für den Gleichstrom das Symbol ⎓.

Ändert der Strom in regelmäßigen Zeitabständen seine Größe und Richtung, spricht man von Wechselstrom (Alternating Current, AC). In einem Diagramm, in welchem der Strom in Abhängigkeit von der Zeit dargestellt wird, ergibt sich eine Sinuskurve (Abb. 2b). In grafischen Darstellungen verwendet man für den Wechselstrom das Symbol ~.

Gleichstrom fließt stets in die gleiche Richtung. Wechselstrom ändert seine Flussrichtung.

Wechselstrom verwendet man im Haushalt und in der Industrie. Er wird durch Generatoren in Kraftwerken erzeugt. Der Strom wechselt 50-mal in der Sekunde seine Richtung. Er hat eine Frequenz von $f = 50$ Hertz.

In einem Stromkreis hemmen Leiter und Verbraucher den Stromfluss. Diese Eigenschaft wird als **elektrischer Widerstand** bezeichnet.

1 Kennzeichnung elektrischer Geräte

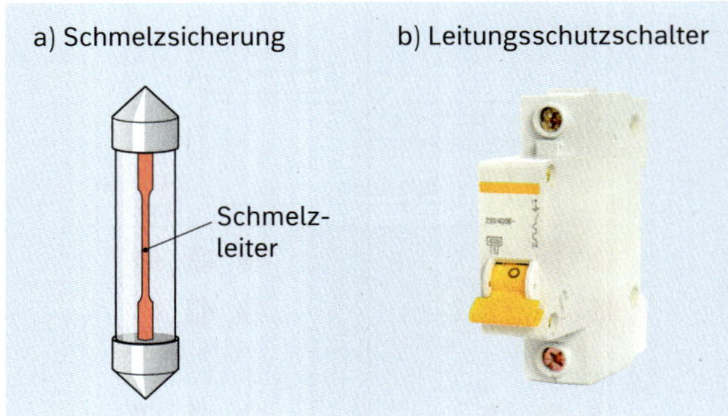

2 Sicherungen

1.6.2 Schutzmaßnahmen

Der elektrische Strom ist für den Menschen gefährlich. Fast alle menschlichen Organe, z. B. das Herz oder das Gehirn, funktionieren aufgrund elektrischer Impulse. Durch die Berührung von spannungsführenden Teilen fließt Strom durch den menschlichen Körper. Ist dieser Strom größer als der körpereigene Strom, beeinträchtigt er die Funktion der Organe. Es kann zu Verletzungen oder tödlichen Unfällen kommen.

Ströme über 50 mA und Spannungen über 50 V sind lebensgefährlich.

Schutzzeichen

Elektrische Geräte müssen so ausgeführt sein, dass von ihnen keine Gefahren für den Menschen ausgehen. Daher unterliegen Elektrogeräte, Steckverbindungen und Leitungen den VDE Bestimmungen (VDE = Verband der Elektrotechnik Elektronik Informationstechnik). Sie werden mit einem VDE- und/oder einem GS-Zeichen gekennzeichnet (Abb. 3).

Schutzmaßnahmen gegen gefährliche Körperströme

Viele Elektrounfälle werden durch schadhafte Steckverbindungen und nicht isolierte Leitungen verursacht. Um gefährliche Körperströme zu vermeiden, muss jedes elektrische Gerät so ausgestattet sein, dass auch bei einem auftretenden Fehler der Personenschutz gewährleistet ist. Alle elektrischen Geräte sind in drei Schutzklassen eingeteilt. Die Schutzklassen sind durch entsprechende Symbole gekennzeichnet.

- **Schutzklasse I**

Geräte mit Metallgehäuse sind durch den gelb-grünen Schutzleiter geerdet. Der Strom fließt bei einem Defekt nicht über den Körper, sondern durch den Schutzleiter. Dabei wird die Sicherung ausgelöst und der Stromfluss unterbrochen.

- **Schutzklasse II**

Elektrische Leitungen sind mit nichtleitendem Kunststoff überzogen. Elektrische Geräte, z. B. eine Handbohrmaschine, sind so aufgebaut, dass sie vollständig elektrisch isoliert sind.

- **Schutzklasse III**

Bei Arbeiten in Metallbehältern, z. B. im Kesselbau, sind niedrige Spannungen vorgeschrieben. Diese Schutzkleinspannung beträgt höchstens 50 V Wechselspannung oder 120 V Gleichspannung. Die Spannung wird durch einen Sicherheitstransformator erzeugt.

Schutz von Leitungen und Geräten

In Leitungen und Geräten darf der höchstzulässige Strom nicht überschritten werden. Sicherungen begrenzen den Strom. Dadurch wird eine zu große Erwärmung verhindert, die zur Zerstörung z. B. der Isolierungen der Leitungen führen kann.

Man verwendet Schmelzsicherungen und Leitungsschutzschalter (Abb. 4).

- Bei einer **Schmelzsicherung** schmilzt bei zu hohem Stromfluss ein drahtförmiger Schmelzleiter.
  Der Stromkreis wird unterbrochen. Die Sicherung muss nach Beseitigung des Fehlers erneuert werden.

- **Leitungsschutzschalter** unterbrechen bei zu hohem Stromfluss den Stromkreis. Sie können nach Beseitigung des Fehlers wieder eingeschaltet werden.

Unfallverhütungsmaßnahmen

Defekte Elektrogeräte und defekte elektrische Anlagen sofort stilllegen. Reparaturen an elektrischen Leitungen und Geräten sind nur von Fachleuten auszuführen. Nur Elektrogeräte mit VDE- und/oder GS-Zeichen benutzen.

Tab. 1: Schutzklassen elektrischer Betriebsmittel nach DIN VDE 0100-410

Schutzklasse I	Schutzklasse II	Schutzklasse III
Schutzleiter Kennzeichen:	Schutzisolierung Kennzeichen:	Schutzkleinspannung Kennzeichen:
Betriebsmittel mit Metallgehäuse	Betriebsmittel mit Kunststoffgehäuse	Betriebsmittel mit Nennspannungen bis 25 V ~ bzw. bis 50 V ~ und bis 60 V – bzw. 120 V –
z. B. Elektromotor	z. B. Elektrische Haushaltsgeräte	z. B. Elektrische Handleuchten

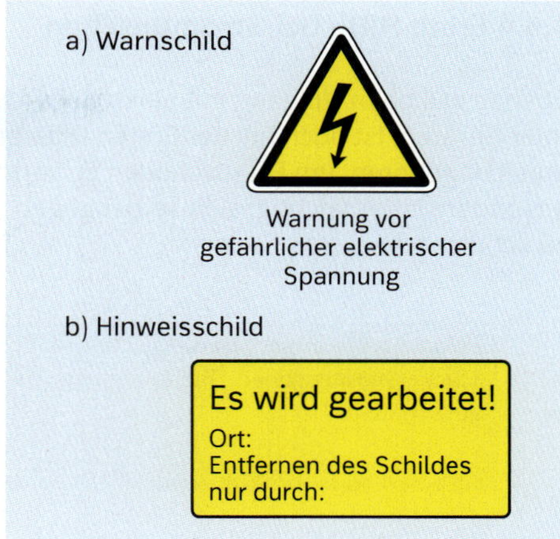

3 Warn- und Hinweisschild

1.6.3 Allgemeine Sicherheitshinweise

Beim Umgang mit Strom sind unterschiedliche Sicherheitshinweise zu beachten.

- **Wartungsarbeiten**

Um die Sicherheit für das Wartungspersonal zu gewährleisten, müssen Sicherheitsmaßnahmen und eine entsprechende Umsicht bei dem Umgang mit technischen Systemen eingehalten werden. Warn- und Hinweisschilder weisen auf mögliche Gefahren hin (Abb. 3). Wartungsarbeiten dürfen nur durchgeführt werden, wenn der Maschinen-Hauptschalter ausgeschaltet und die Anlage gegen ein unbeabsichtigtes Wiedereinschalten gesichert ist. Dies kann durch ein Hinweisschild und durch das Anbringen eines Vorhängeschlosses erfolgen.

- **Benutzung von Kabeltrommeln**

Kabeltrommeln müssen vor der Benutzung vollständig abgerollt werden, um einer Hitzeentwicklung und einer daraus folgenden Brandgefahr vorzubeugen.

- **Elektrogeräte in feuchter Umgebung**

Beim Einsatz von Elektrogeräten in Verbindung mit Feuchtigkeit ist darauf zu achten, dass die entsprechenden Sicherheitszeichen auf dem Gerät angebracht sind.

- **Umgang mit Schalter und Steckdosen**

Die Blenden von Schaltern und Steckdosen werden beispielsweise bei Tapezierarbeiten abgenommen und die Öffnung übertapeziert. Vor diesem Vorgang ist die Stromversorgung im Sicherungskasten zu unterbrechen. Ist dies nicht der Fall, kann Kleister in die Öffnungen eindringen und zu lebensgefährlichen Stromunfällen führen. Vor Inbetriebnahme des Stromnetzes sind sämtliche Steckdosen und Schalter zu reinigen und zu trocknen, da sonst keine Sicherheit gegeben ist.

Tab. 2: Bildzeichen für Schutzarten

Bildzeichen	Schutzumfang	Bildzeichen	Schutzumfang
	Staubgeschützt IP 5X		Spritzwassergeschützt IP X4
	Staubdicht IP 6X		Strahlwassergeschützt IP X5
	Tropfwassergeschützt IP X1		Wasserdicht IP X7
	Sprühwassergeschützt IP X3	...bar	Druckwasserdicht IP X8

1.6.4 Erste Hilfe bei Stromunfällen

Ebenso wie beim Umgang mit elektrischen Leitungen oder Geräten, ist auch bei der Ersten Hilfe besondere Vorsicht geboten, um Folgeschäden zu vermeiden. Insbesondere ist es wichtig, sich selbst gegen Stromschlag zu schützen.

Die einzelnen Schritte nach dem Eintritt eines Stromunfalles (bis 1 000 V) sind:

Stromquelle abschalten.
Stecker herausziehen, Sicherung oder Hauptschalter ausschalten.

Ist ein Abschalten der Stromquelle nicht gleich möglich, sich selbst auf isolierende Teile stellen und Verletzten mit nichtleitenden Gegenständen von der Stromquelle trennen.

↓

Verunglückten aus dem Gefahrenbereich bringen.

↓

Kontrollieren des Bewusstseins, der Atmung und des Pulses.

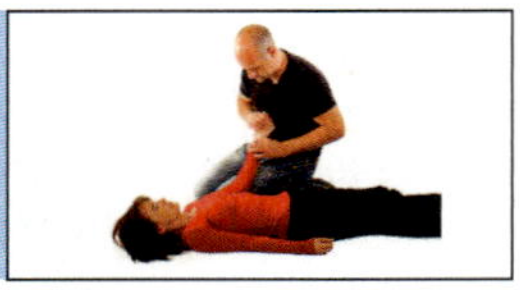

↓

Notruf veranlassen. Bei bewusstlosen und atmenden Verunglückten sind diese in stabile Seitenlage zu bringen.

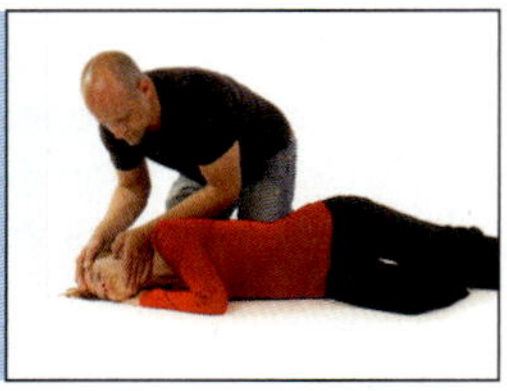

↓

Bei Atemstillstand, aber vorhandenem Puls mit Beatmen des Patienten beginnen: zehn mal, z. B. Mund zu Nase mit normaler Luftmenge und Frequenz, Puls prüfen, wenn Zustand unverändert, Beatmung fortsetzen.

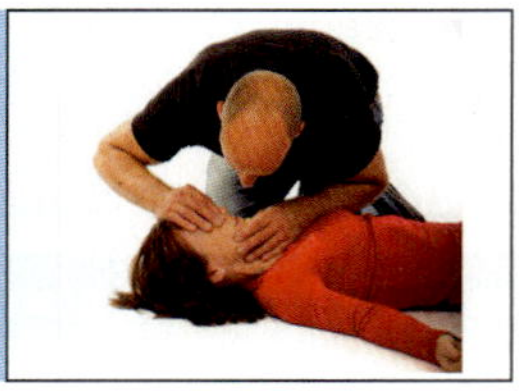

↓

Wenn weder Atmung noch Puls vorhanden, Patient in Rückenlage bringen, Brustkorb freimachen, 2-mal beatmen und anschließend Herzmassage vornehmen: 15-mal mit einem Tempo von 100-mal pro Minute, Puls prüfen, wenn Zustand unverändert, Herzmassage fortsetzen.

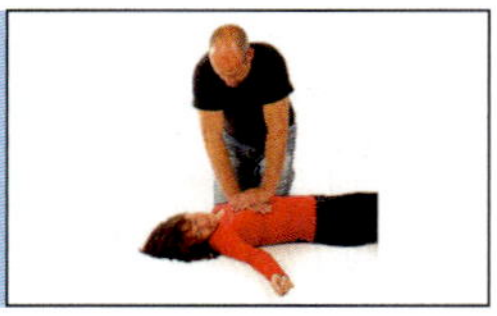

1 Die Handhabung der beschriebenen Maßnahmen sind in einem Erste-Hilfe-Kurs zu erlernen.

1.7 Leitern und Gerüste

Leitern sind für jedes Handwerk wichtige Arbeitshilfen. Der Einsatz von Leitern und Gerüsten erfolgt oft ohne Beachtung der Arbeitssicherheit.

Leitern und Gerüste unterliegen dem Produktsicherheitsgesetz. Das **GS-Zeichen** kennzeichnet, dass sie daraufhin überprüft worden sind.

1.7.1 Leitern

Im Maler- und Lackiererhandwerk werden im Besonderen folgende Leiterarten eingesetzt:

- Anlegeleitern,
- Stehleitern,
- Mehrzweckleitern

Anlegeleitern
Anlegeleitern sind Leitern, die an Flächen oder Kanten angelegt werden.

Anlegeleitern werden nur verwendet, wenn kein Gerüst zur Verfügung steht. Der Gebrauch von Anlegeleitern bringt eine erhöhte Unfallgefahr mit sich. Sollen trotzdem Anlegeleitern als Verkehrsweg oder Arbeitsplatz genutzt werden, müssen die **Sicherheitsregeln** nach Abb. 2 beachtet werden:

- Keine schadhaften Leitern und Tritte benutzen und diese standsicher aufstellen.
- Leitern nur auf rutschsicheren Böden aufstellen.

- Bei freistehenden Anlegeleitern dürfen die obersten vier Sprossen nicht bestiegen werden.

- Leitern im richtigen Winkel anlehnen. Die Anlegeleiter muss einen Anstellwinkel zwischen 65° und 75° aufweisen (Ellenbogenprobe).

- Auf gewachsenem, hartem Boden sind Erdspitzen zu verwenden.

- Anlegeleitern an Kanten müssen mindestens 1 m höher sein, als die Kante.

- Für glatte Fußböden müssen Gummifüße verwendet werden.

- Anlegeleitern nicht an unsicheren Gegenlagen anlehnen, z. B. Stangen, Drähte, Glasscheiben.

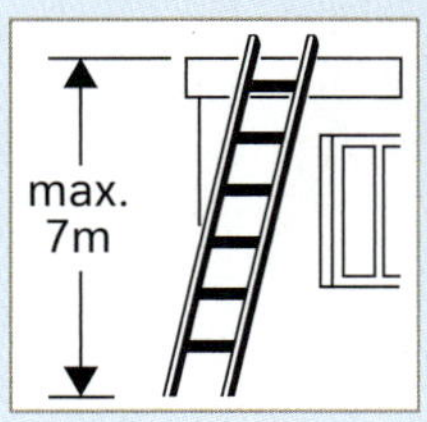

- Die maximale Arbeitshöhe einer Anlegeleiter beträgt 7 m.

2 Sicherheitsregeln für Leitern

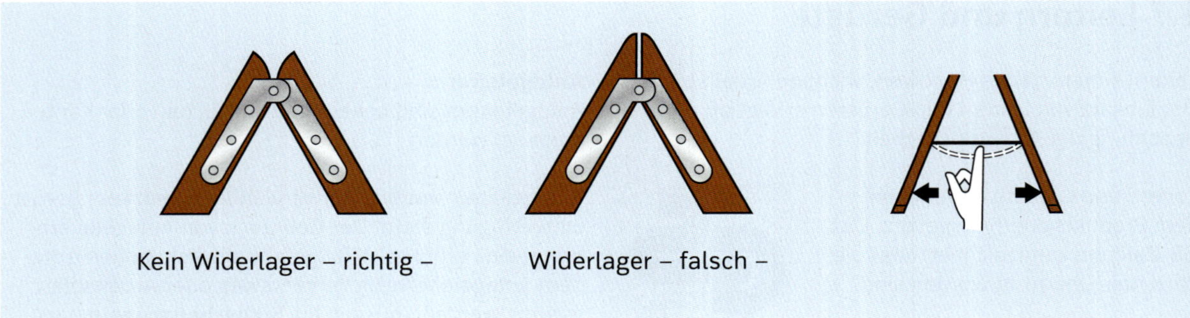

1 Widerlager und Spreizsicherung

Auf Anlegeleitern dürfen nur geringfügige bzw. einfache Arbeiten ausgeführt werden. Dazu gehören Arbeiten, bei denen wenig Material oder Werkzeug benötigt wird. Der Arbeitende muss sich immer mit einer Hand gegen das Herabstürzen sichern können.

Stehleitern
Stehleitern sind freistehende Doppelleitern, die an den oberen Holmen mit einem Gelenkscharnier verbunden sind. Eine Spreizsicherung, z. B. Ketten oder Gurte, verhindern ein Auseinanderrutschen der beiden Holme. Diese Spreizsicherung muss beim Aufstellen immer gespannt sein.
Die Enden der oberen Holme müssen abgerundet sein, um eine Klemmwirkung zu verhindern.

Die folgenden **Sicherheitsregeln** sind beim Umgang mit Stehleitern zu beachten:

- Wegen der Kippgefahr darf von Stehleitern nicht auf Gerüste oder andere Leitern umgestiegen werden.
- Stehleitern nicht als Anlegeleitern benutzen.
- Bei fehlender Haltevorrichtung dürfen die obersten Sprossen der Stehleiter nicht betreten werden (Abb. 1).
- Auf gespannte Spreizsicherung achten.

2 Stehleiter

3 Stehleiter mit Haltevorrichtung

Mehrzweckleitern

Mehrzweckleitern sind Kombinationsleitern, die vielseitig einsetzbar sind. Durch ihre Gelenkverbindungen lassen sie sich individuell anpassen und sowohl als Anlege-, Stehleitern oder als Kleingerüst verwenden.

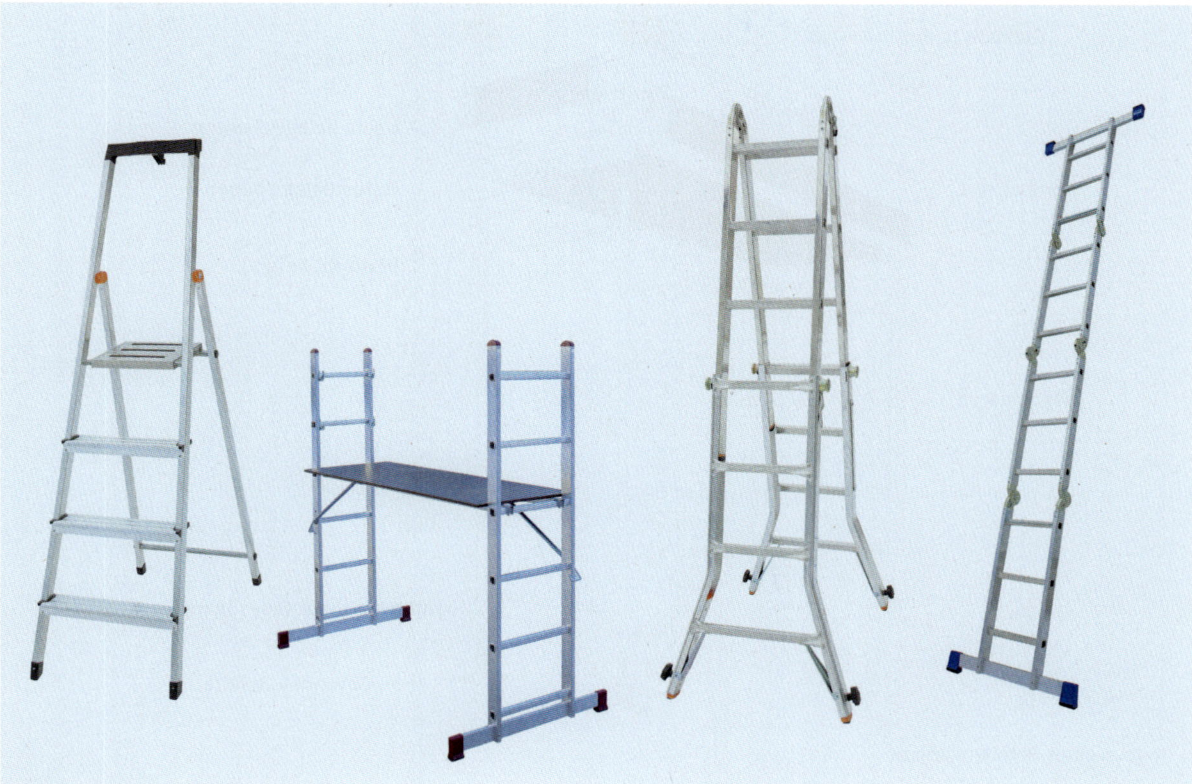

4 Leiterarten

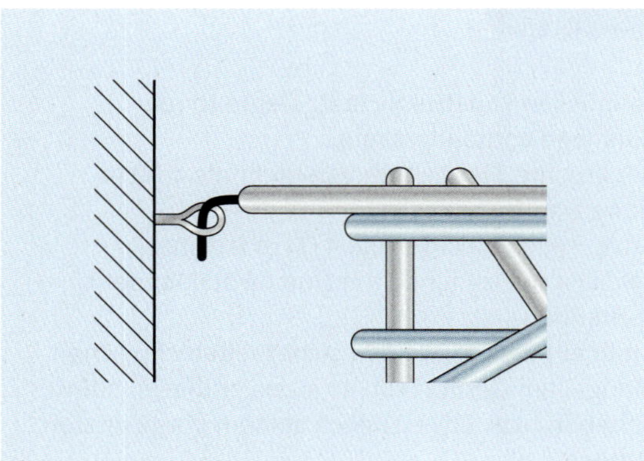

5 Verankerung in der Wand

1.7.2 Gerüste

Gerüste sind nach DIN 4420 Hilfskonstruktionen aus industriell gefertigten Rahmenteilen. Sie sind mit Schraub- und Steckverbindungen versehen, die an der Arbeitsstelle zusammengefügt und auch wieder demontiert werden. Die Belagflächen besitzen unveränderliche Längen und Breiten.

Gerüste müssen nach Montageanleitung errichtet werden.

Im Maler- und Lackiererhandwerk wird auf folgenden Gerüstarten gearbeitet:

- Rahmengerüste,
- Fahrgerüste
- Kleingerüste

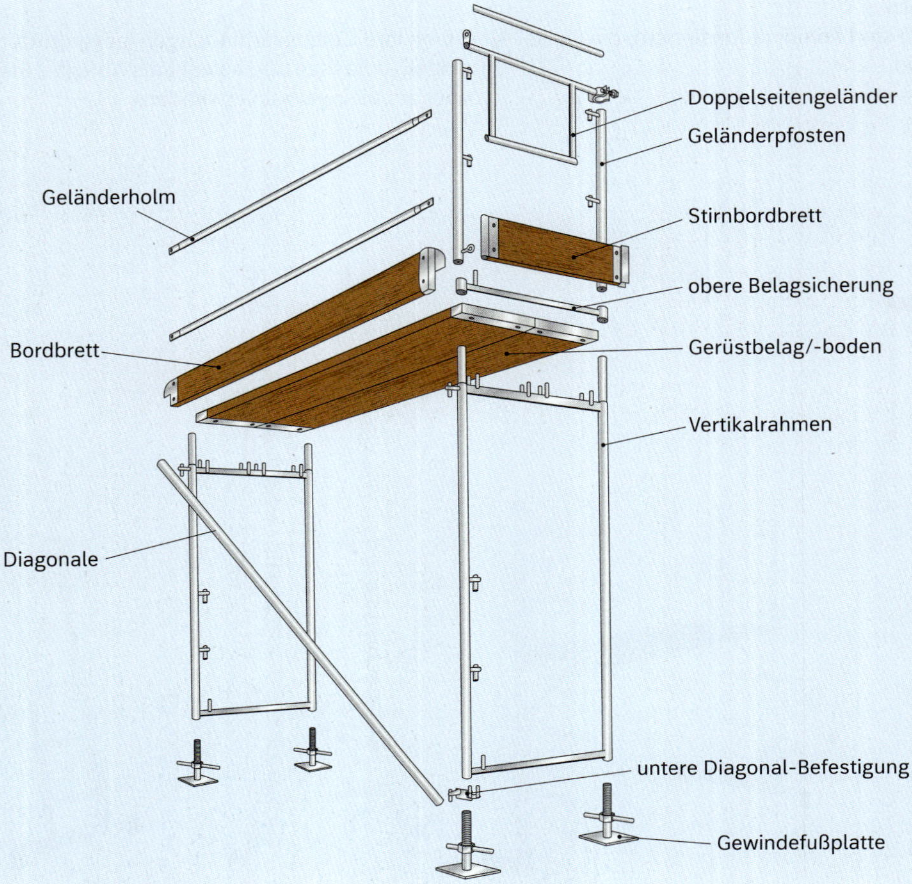

1 Aufbau eines Rahmengerüsts

Sicherheitsregeln beim Arbeiten auf Gerüsten

- Gerüstbauarbeiten sind nur durch Fachkundige auszuführen.
- Am Gerüst dürfen keine Veränderungen, z. B. Entfernen von Verankerungen oder Ausbau von Seitenschutzbauteilen, durchgeführt werden.
- Auf dem Gerüst darf nur so viel Material gelagert werden, wie nach der jeweiligen Lastenklasse zulässig ist (Gefahr des Gerüstzusammenbruchs).
- Das Material so ablegen, dass ein ausreichend breiter Durchgang erhalten bleibt.
- Vermeiden, dass Personen gleichzeitig auf mehreren Gerüstlagen übereinander arbeiten: Unfallgefahr durch herabfallende Gegenstände.
- Nicht auf Belagflächen abspringen.
- Ab mehr als 1,00 m Belaghöhe muss ein Aufstieg vorhanden sein.
- Gerüstbelagbreite muss mindestens 50 cm betragen.
- Es müssen konstruktiv festgelegte Innenaufstiege vorhanden sein.
  Senkrechte Steigleitern von mehr als 4,00 m Höhe sind unzulässig.
  Ausnahme: Maximal alle 4,00 m ist eine Zwischenbelagbühne mit Durchtrittsklappe vorhanden.
- Stellt ein Benutzer einen sicherheitstechnischen Mangel am Gerüst fest, so muss er diesen sofort beheben bzw. unverzüglich seinem Vorgesetzten melden.
- Bei Schäden haftet nicht der Gerüstbauer, sondern der Benutzer.
- Beim Auf- und Abbau sind stets Schutzhelm und Sicherheitsschuhe zu tragen.

Fahrgerüste
Fahrgerüste sind auf ebenen und glatten Untergründen einsetzbar. Sie werden für Arbeiten im Innen- und Außenraum verwendet, bei dem das Gerüst immer wieder verschoben werden muss.

Sie lassen sich in einer Art Bausatzsystem (Rohre und Kupplungen) schnell aufbauen und bieten bei geringem Patzbedarf optimale Arbeitsbedingungen.

Ein Gerüst ist immer nach Aufbau- bzw. Verwendungsanleitung des Herstellers zu errichten.

Die maximale Belaghöhe darf bei fahrbaren Arbeitsgerüsten in Gebäuden 12,00 m und außerhalb von Gebäuden bis 8,00 m Höhe betragen.

2 Fahrgerüst

Sicherheitsregeln beim Arbeiten auf Fahrgerüsten

- Ab 2 m Belaghöhe muss ein dreiteiliger Seitenschutz vorhanden sein.
- Nur langsam verschieben.
- Fahrrollen müssen unverlierbar befestigt sein und nach dem Verfahren durch Bremshebel festgesetzt werden.
- Jegliches Anprallen vermeiden.
- Nur in Längsrichtung oder über Eck verschieben.
- Vor dem Verschieben lose Teile gegen Herabfallen sichern.
- Nicht auf Belagflächen abspringen.
- Ab mehr als 1,00 m Belaghöhe muss ein Aufstieg vorhanden sein.
- Gerüstbelagbreite mindestens 0,50 m.
- Die maximale Belaghöhe beträgt 2,00 m.
- Es müssen konstruktiv festgelegte Innenaufstiege vorhanden sein. Senkrechte Steigleitern von mehr als 4,00 m Höhe sind unzulässig. Ausnahme: Es ist maximal alle 4,00 m eine Zwischenbelagbühne mit Durchtrittsklappe vorhanden.
- Aufenthalt von Personen auf fahrbaren Arbeitsbühnen während des Verschiebens ist nicht zulässig.
- Bei aufkommendem Sturm (ab Windstärke 6) und nach Beendigung der Arbeiten fahrbare Gerüste gegen Umsturz sichern.
- Überbrückungen zwischen fahrbaren Gerüsten und Gebäuden sind unzulässig.
- Bei größeren Höhen muss eine Basis-Verbreiterung angebracht werden, um vor Umstürzen zu schützen.

Kleingerüste
Für einfache Arbeiten in geringer Höhe braucht man kein aufwendiges Stand- oder komplettes Fahrgerüst. In solchen Fällen genügt ein Kleingerüst.

Es ist schnell und ohne großen Aufwand auf- und abzubauen. Ebenso ist ein leichter Transport von Vorteil.

Neben den Regeln für Fahrgerüste gelten noch zusätzliche Sicherheitsregeln. So muss ein Kleingerüst von der Herstellerfirma gut erkennbar gekennzeichnet sein. Diese dauerhafte Kennzeichnung muss Auskunft über die zulässige Tragfähigkeit des Gerüsts sowie Typ und Herstellerkennzeichen geben.

1 Fahrbares Kleingerüst

1.8 Abdeckarbeiten

Überall, wo Bauteile und Objekte geschliffen, ent- oder beschichtet werden, müssen angrenzende Bereiche vor Verschmutzung geschützt werden. Auch ein vorsichtigeres Arbeiten könnte dies in fast allen Fällen nicht verhindern (Abb. 1–4).

Am einfachsten ist es, wenn Anbauten oder Gegenstände aus dem gefährdeten Bereich entfernt werden. Ist dies nicht möglich, sind diese Partien abzudecken, damit sie nicht verunreinigt werden.

1.8.1 Folien

Zum Abdecken werden meistens Kunststoffplanen aus Polyethylen (PE) verwendet, deren Dicke und Reißfestigkeit je nach Anwendung variiert. Die meisten Abdeckfolien müssen befestigt werden; einige sind mit Klebestreifen am Rand versehen oder selbstklebend. Folien werden in Rollen geliefert, die auf Konfektioniergeräte zur leichteren Entnahme gespannt werden können (Abb. 3–4).

Je nach Einsatzgebiet benutzt man auch Papierbögen in unterschiedlicher Größe und Stärke zum Abkleben im Innenbereich.
Die Abdeckung von Böden wird im Innenbereich meist mit Vliesmaterial, im Außenbereich häufig mit Altteppichen vorgenommen, da beide stabiler als die meisten Folien sind.

2 Abgedecktes Möbelstück

3 Abgeklebte Ablaufrinne bei der Beschichtung eines Parkdecks

4 Abdeckfolie mit Klebestreifen

5 Abdeckfolie auf Konfektioniergerät

6 Bodenabdeckung mit Papierbahnen

7 Vliesrolle als Abdeckmaterial

1.8.2 Klebeband

Zur Befestigung von Folie und Papier werden unterschiedliche Klebebänder verwendet, die in Rollen geliefert werden (Abb. 2–4). Basismaterial sind Papier und Textilien, die mit Kunststoffen verarbeitet werden. Klebebänder müssen mehreren Belastungen, z. B. UV-Strahlung, Wasser, Lösemittel, Wärme, Kälte, eine möglichst lange Zeit widerstehen können und sich rückstandslos entfernen lassen. Zum Befestigen von Folien sind Krepp- und Gewebebänder sinnvoll, die besonders stabil sein müssen. Gewebebänder werden mit reißfestem Kunststoff verstärkt, womit sie in Längsrichtung stabilisiert werden. Man kann sie jedoch quer sehr leicht mit der Hand abreißen, was die Verarbeitung einfach macht. Klebebänder können nach längerem oder intensivem Einfluss von UV-Strahlung bzw. Sonnenlicht meistens nicht mehr rückstandsfrei entfernt werden.

Kreppbänder enthalten einen hohen Bestandteil an Cellulose, die aus Holz gewonnen wird. Diese Bänder werden imprägniert, damit sie sich beim Kontakt mit Wasser oder wässrigen Beschichtungsmaterialien nicht anlösen oder aufweichen.

Soll ein Band zum scharfen Abkleben (z. B. beim Beschneiden eines Musters auf einer Wand) verwendet werden, darf es nicht von Anstrichstoffen hinterlaufen werden. Hierzu werden auf rauen und unebenen Flächen gut klebende Kreppbänder und auf ebenen Flächen meistens glatte Kunststoffbänder verwendet.

Die Fläche, die abgeklebt werden soll, muss trocken, frei von Trennmitteln, Staub und Schmutz sein. Um Klebstoffrückstände beim Abziehen des Klebebands zu

1 Gewebeband

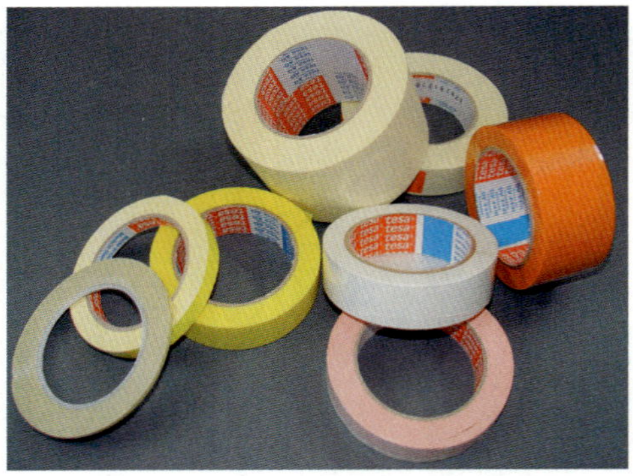

2 Klebebänder in unterschiedlicher Breite

3 Scharfes Abkleben an einer Wand

vermeiden und keine Ablösungen vom Untergrund zu erhalten, ist das Klebeband in einem Winkel von etwa 30° abzuziehen, ohne dabei ruckartig zu handeln.

Klebebänder dürfen nicht mehr als ein Jahr gelagert werden. Der Lagerort muss kühl, trocken oder dunkel sein. Andernfalls verändern sie ihre Eigenschaften.

1.9 Schleifen

Das Schleifen von Beschichtungsuntergründen ist eine wichtige Untergrundvorbereitung. Es dient einerseits zum Ebnen als auch zum gleichmäßigen Aufrauen des Untergrundes. Bei bereits beschichteten Untergründen werden durch das Schleifen Altbeschichtungen oder Verschmutzungen entfernt, die das Haften des Beschichtungsmaterials auf dem Untergrund verhindern können.
Bei Holzuntergründen muss darauf geachtet werden, immer in Faserrichtung zu schleifen.

1.9.1 Schleifmittel

Je nachdem, welcher Untergrund geschliffen werden soll, muss man das richtige Schleifmittel wählen. Beim Maler und Lackierer kommen meistens Schleifpapier und Schleifgewebe zum Einsatz. Dieses besteht aus dem eigentlichen Schleifmittelmaterial, dem Trägermaterial und einem Bindemittel. Es gibt Schleifmittel für den Trockenschliff und für den Nassschliff.
Schleifmittel werden nach ihrer Korngröße geordnet. Der europäische Verband der Schleifmittelhersteller (FEPA) hat die Bezeichnung der Körnung festgelegt. Die Zahl der Körnung, die in der Regel auf der Rückseite des Schleifmittels angegeben ist, richtet sich nach der Anzahl der Maschen eines Siebes pro Zoll (1 Zoll = 25,4 mm). Durch diese Zahl wird die Körnung der Teilchen, die noch auf dem Sieb liegen bleiben, ausgedrückt. Je größer die Zahl, desto feiner ist die Körnung. Flexible Schleifmittel bekommen den Zusatz „P“ (z. B. P 120), starre Schleifmittel den Zusatz „F“ (z. B. F 180).

Schleifmittelmaterial

- **Siliciumcarbid**

Siliciumcarbid (SiC) wird aus ca. 60 % Quarzsand und ca. 40 % aus Petrolkoks, einem Nebenprodukt der Mineralölverarbeitung, hergestellt. Es verfügt über eine harte, scharfkantige Struktur und eignet sich zum Bearbeiten von festen, aber auch weichen, zähen Werkstoffen.

- **Aluminiumoxid, Elektrokorund**

Aluminiumoxid (Al_2O_3) ist sehr hart und zäh. Es eignet sich besonders zur Bearbeitung von Holz und Metall. Je nach Aluminiumoxidgehalt unterscheidet man weißen bis rosafarbenen Edelkorund (ca. 99 % Al_2O_3), braunen Normalkorund (ca. 94 bis 97 % Al_2O_3) und schwarzen Korund (ca. 70 bis 85 % Al_2O_3).

■ **Schmirgel**

Schmirgel ist ein natürlicher Hartstoff, der zu 60 % aus Aluminiumoxid besteht und als Fremdbestandteil Eisenoxid (Fe_2O_3) enthält.
Für das Schleifen hat die Bedeutung des Schmirgels im Laufe der Zeit abgenommen, da er nur rund und blockig abbricht und dadurch nur wenige scharfe Schneidkanten bildet.

■ **Zirkonkorund**

Durch Schmelzen eines Gemisches aus Zirkondioxid (ZrO_2) und Aluminiumoxid wird ein selbstschärfendes Schleifmittel hergestellt. Beim Brechen, das heißt auch bei der Abnutzung im praktischen Schleifbetrieb, werden stets neue, scharfe Bruchkanten freigesetzt (selbstschärfender Effekt). Deshalb eignet sich Zirkonkorund besonders gut zum Bearbeiten von Edelstahl.

Trägermaterial

■ **Papiere**

Als Trägermaterial werden Papiere mit sehr festen und zähen Fasern verschiedener Stärken verwendet. Für Wasserschleifpapier benutzt man Papiere mit einer besonderen, wasserfesten Imprägnierung.
Papierunterlagen genügen in den meisten Fällen den Anforderungen und werden deshalb am häufigsten eingesetzt.

■ **Gewebe**

An einige Schleifmittel werden hohe Anforderungen in Bezug auf Festigkeit und Stabilität gestellt. Diese bestehen aus Geweben, die aus Baumwolle, Kunstfasern oder Mischgeweben zusammengesetzt sind. In einigen Fällen wird Papier hinzugegeben.
Die Herstellung von Gewebeträgern ist teurer als die des gewöhnlichen Schleifpapiers. Sie werden deshalb nur bei einer hohen mechanischen Beanspruchung des Trägermaterials eingesetzt, z. B. bei Bandschleifmaschinen.

■ **Faserverbundwerkstoffe**

Man setzt Verbundwerkstoffe als stabilisierende Werkstoffe bei Schleifarbeiten ein. Typisch sind Schleifscheiben zusammen mit einem stabilisierenden Gummiteller beim Einsatz von Winkelschleifern zum Entrosten oder groben Schleifen. Diese werden z. B. aus Vulkanfiber (Papiervliese, die durch chemische Behandlung verfilzen und verfestigt werden) hergestellt.

Auch die Verwendung von Verbundwerkstoffen als Schleifvlies oder -pad für das Aufrauen oder Mattieren runder, gewölbter und kompliziert geformter Werkstücke ist möglich. Auf dieses Vlies werden bei der Herstellung mittels eines Harzes Schleifkörner aufgeklebt. Schleifvlies ist im Handel z. T. auch als Schleifgitter erhältlich.

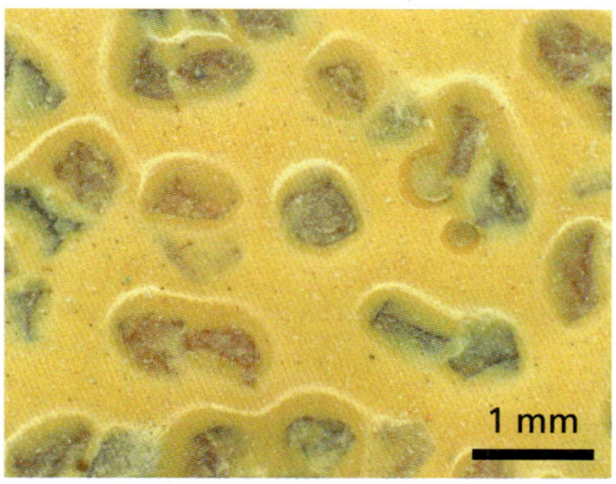

4 Trockenschleifpapier (Al_2O_3), Körnung P 40

5 Wasserschleifpapier (SiC), Körnung P 220

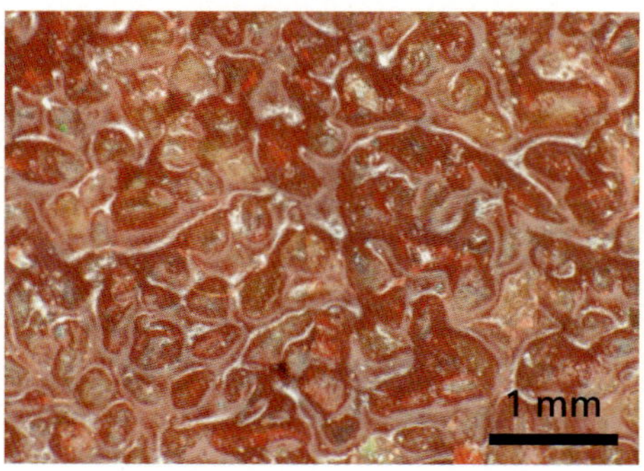

6 Schleifscheibe (Al_2O_3), Körnung P 120

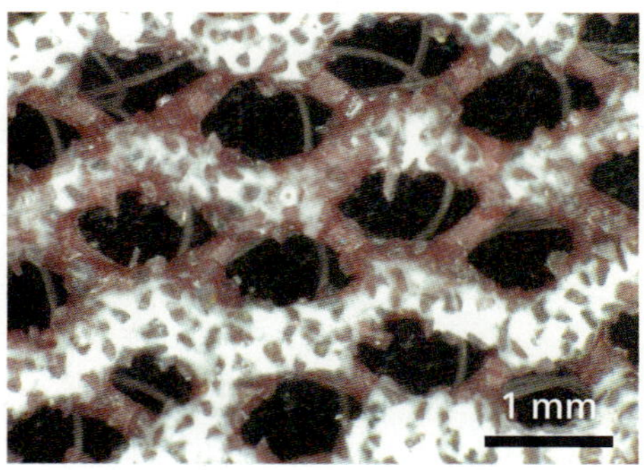

7 Schleifvlies (Abranet™), Körnung P 120

Zur Veranschauung sind in Abb. 1–4 unterschiedliche Schleifmittel in Mikroskopaufnahmen dargestellt, der Maßstab ist bei allen Aufnahmen gleich.

Bindemittel
Auch von einer genügenden Haftung der Schleifkörner auf dem Trägermaterial hängt die Leistungsfähigkeit der Schleifmittel ab. Die Verbindung von Korn und Unterlage muss stabil, aber gleichzeitig flexibel sein.

- **Naturleimbindung**

Naturleime werden eingesetzt, wenn die Anforderungen an das Schleifmittel nicht besonders hoch sind, z. B. für Schleifpapier der „Baumarktqualität" für den Heimwerker.

- **Harzbindung**

Durch Verwendung unterschiedlicher Harze in den einzelnen Schichten kann man dank einer besonders festen Haftung des Schleifkorns auf dem Träger sowohl harte als auch flexible Verbindungen erhalten. Diese Bindemittel werden hauptsächlich bei Schleifmitteln für Maschinenschliff verwendet.

- **Wirkstoffbeschichtung**

Schleifmittel können durch Zusätze in ihren Eigenschaften verbessert werden. Die Schleifmitteloberfläche wird dabei mit Calciumstearat überzogen. Dieses wachsähnliche Material erschwert die Ablagerung von Schleifstaub (Lackpartikel, Spachtelmasse, Verunreinigungen) an der Oberfläche. Dadurch wird ein vorzeitiges Zusetzen des Schleifmittels verhindert und somit die Standzeit verlängert.

1.10 Beschichtungen und Beschichtungsstoffe

Der Begriff Beschichtung wird sowohl für eine aus flüssigen Stoffen hergestellte Schicht auf einem Untergrund als auch für die Tätigkeit des Auftragens der Flüssigkeit verwendet.

Grundsätzlich können die einzelnen Schichten unterschieden werden in z. B.

- Imprägnierungen,
- Versiegelungen,
- Lasuren oder
- deckende Anstriche (Abb. 1).

Beschichtungen dienen dem Schutz des Untergrundes, der Gestaltung und der Herstellung bestimmter Oberflächeneigenschaften.

Beschichtungsstoffe sind nach DIN EN ISO 4618 die Bezeichnungen für Stoffe, die Beschichtungen ergeben. Beschichtungsstoffe können flüssig, pulverförmig oder pastenförmig sein. Sie finden Verwendung fur Anstriche, Lackierungen, Putzbeschichtungen und als Spachtelmassen.

1.10.1 Zusammensetzung der Beschichtungsstoffe

Sie bestehen aus:

- Bindemittel,
- Lösemittel,
- Farbmittel,
- Füllstoff,
- Zusatzmittel (Additiv).

Bindemittel
Bindemittel sorgen für die Filmbildung des Anstrichstoffs auf der Oberfläche. Sie bestehen aus Ölen oder Harzen und haben die Aufgabe, die Beschichtung zusammenzuhalten. Dieses Verhalten nennt man Kohäsion (= Zusammenhangskraft). Außerdem unterstützt das Bindemittel die Adhäsion (= Anhaftkraft) auf dem Untergrund.

Pigmente und Füllstoffe
Pigmente sind anorganische oder organische, bunte oder unbunte Farbmittel, die sich weder im Binde- noch im

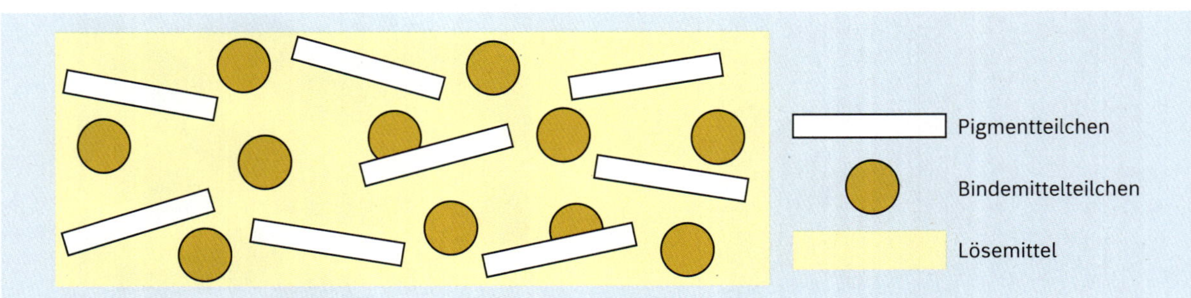

1 Schematische Darstellung eines Beschichtungsstoffes vor der Trocknung

Lösemittel lösen. Sie gehören gemeinsam mit den löslichen Farbstoffen zur Gruppe der Farbmittel. Pigmente geben der Beschichtung ihren Farbton und ermöglichen ihre Deckkraft. Sie tragen gemeinsam mit dem Bindemittel zum Schutz des Untergrundes bei. Um dies zu bewerkstelligen, müssen Pigmente ein gutes Färbe- und Deckvermögen sowie eine gute Verträglichkeit mit dem jeweiligen Bindemittel und anderen Pigmenten besitzen. Außerdem ist die Reinheit und Dispergierbarkeit (Fähigkeit zur Verteilung im Anstrichstoff) der Pigmente wie auch die Beständigkeit gegen Licht und Chemikalien notwendig.
Üblicherweise werden Pigmente zunächst in organische und anorganische Pigmente eingeteilt und in zweiter Ebene nach natürlichem Vorkommen oder künstlicher Herstellung.

Füllstoffe sind genauso wie Pigmente weder im Binde- noch im Lösemittel löslich. Sie haben meist keine farbgebenden Eigenschaften, sondern verleihen dem Beschichtungsstoff bestimmte Eigenschaften. Bei Kunststoffdispersionsfarben erhöhen sie in der Regel das Volumen des Beschichtungsstoffs.

Lösemittel

Flüssigkeiten, in denen sich ein Bindemittel physikalisch löst, bezeichnet man als Lösemittel. Sie sind auch dazu geeignet, Beschichtungsmaterialien auf die nötige Viskosität einzustellen, also sie verarbeitbar zu machen. Lösemittel verdunsten bei der Trocknung oder Erhärtung der Beschichtung.
Man teilt sie in organische Lösemittel und anorganische Verdünnungsmittel (Wasser) ein. Organische Lösemittel zum Verdünnen von Beschichtungsstoffen sind meistens Gemische aus Estern, Ketonen und Ethern.

Additive

Um bestimmte Eigenschaften der Anstrichstoffe zu verbessern oder unerwünschte Vorgänge zu verhindern, gibt man Additive (Zusätze) hinzu. Dies sind z. B. Entschäumer, Sikkative (Trockenstoffe), Elastifizierer (Weichmacher) und Mattierungsmittel. Additive werden in der Regel bereits bei der Herstellung der Anstrichstoffe zugegeben.

1.10.2 Beschichtungsaufbau

Beschichtungsaufbau oder auch Beschichtungssystem werden alle Schichten genannt, die auf einem Untergrund aufgetragen werden. Es ist wichtig, die technischen Richtlinen zu beachten, damit das Beschichtungssystem den gewünschten Ansprüchen gerecht wird. Die einzelnen Schichten müssen aufeinander abgestimmt sein.

Grundierung

Die Grundierung bildet die erste Schicht einer Beschichtung. Sie wird direkt auf den Untergrund oder auf eine Altbeschichtung aufgetragen und dient als Haftvermittler. Je nach Untergrund erfüllt die Grundierung noch weitere Aufgaben, wie beispielsweise Korrosionsschutz.

Zwischenbeschichtung

Die Zwischenbeschichtung wird auf die Grundierung aufgebracht. Sie kann aus dem gleichen Material bestehen wie die Deckbeschichtung.

Deckbeschichtung

Die Deckbeschichtung ist die oberste Schicht eines Beschichtungssystems. Sie verleiht der gesamten Beschichtung das gewünschte Aussehen und soll vor mechanischen, chemischen und witterungsbedingten Einflüssen schützen.

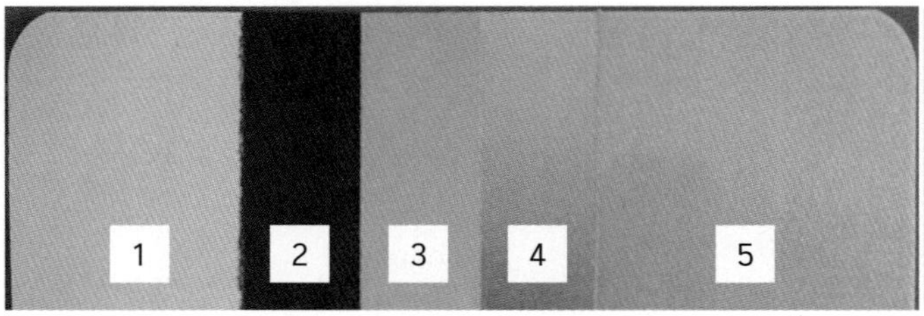

1 Untergrund
2 Haftprimer
3 Füller
4 Basislack
5 Klarlack

2 Beschichtungsaufbau auf metallischem Untergrund

1.11 Pinsel- und Rollenwerkzeuge

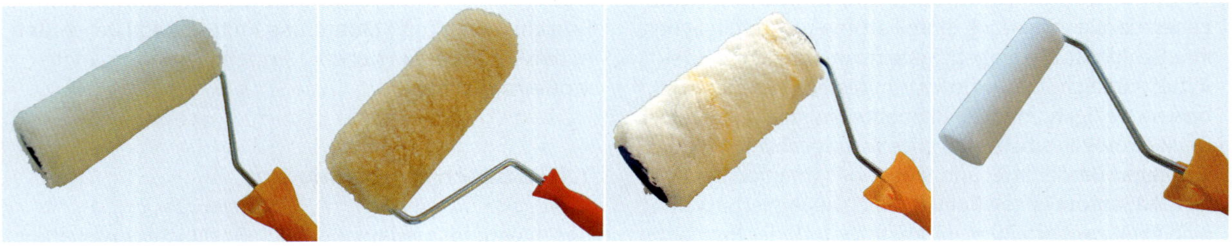

1 a) Kurzflorwalze b) Lammfellwalze c) Langflorwalze d) Schaumstoffrolle

1.11.1 Rollenwerkzeuge

Beschichtungsstoffe wie Kunststoffdispersionen lassen sich streichen, spritzen und rollen. Häufig verwendet der Maler und Lackierer auf das Objekt abgestimmte Rollwerkzeuge. Diese garantieren ein rationelles Arbeiten und einen gleichmäßigen Farbauftrag.
Die Farbroller gibt es in vielen unterschiedlichen Größen sowohl des Bügels als auch der Walze. Ebenso gibt es verschiedene Bezugsmaterialien für die Walzen. Für Kunststoffdispersionen werden häufig Materialien aus Lammfell oder Polyamid verwendet. Für grobe, raue Untergründe sind langflorige Walzen zu verwenden, während für glatte Untergründe kurzflorige oder Schaumstoffwalzen ohne Flor verwendet werden.

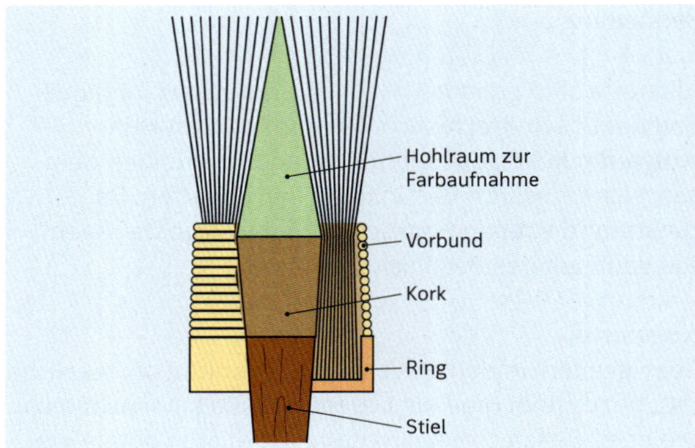

2 Querschnitt durch einen Ringpinsel

1.11.2 Pinselwerkzeuge

Neben Farbrollen spielen Pinsel immer noch eine große Rolle. Schwierig erreichbare Stellen können nur damit beschichtet werden. Die gebräuchlichsten Pinsel für das Streichen kleinerer Flächen sind Ringpinsel. Dabei werden Pinsel mit Natur- oder Kunststoffborsten verwendet. Pinsel mit Naturborsten von Haus- oder Wildschwein werden auch „Chinaborsten" genannt. Die Borsten laufen konisch zu und sind am Ende gespalten. Die gespaltenen Enden verbessern die Farbaufnahme und den Farbverlauf. Kunststoffborsten werden meist aus Polyester oder Polyamid hergestellt. Die Spitze muss künstlich aufgespalten werden. Im Gegensatz zu Naturborstenpinseln quellen diese Pinselwerkzeuge nicht auf. Sie werden daher für Arbeiten mit wasserverdünnbaren Beschichtungsstoffen eingesetzt. Eine Auswahl unterschiedlicher Pinsel zeigt die Abb. 3.

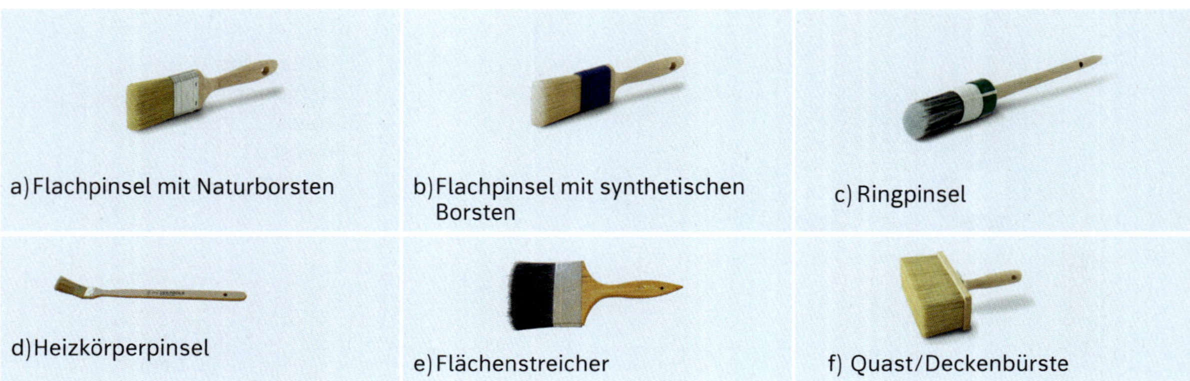

a) Flachpinsel mit Naturborsten
b) Flachpinsel mit synthetischen Borsten
c) Ringpinsel
d) Heizkörperpinsel
e) Flächenstreicher
f) Quast/Deckenbürste

3 Unterschiedliche Pinsel

1.12 Linieren

Liniendekore können Räume und Flächen teilen, gliedern, einfassen oder gestalten. Hierfür werden folgende Werkzeuge genutzt:

- Malstock
- Malerlineal
- Malbrücke
- Schrägstrichzieher
- Schlepper

Auch im Fahrzeuglackierbereich werden Linien als Schmuckelemente verwendet. Früher wurden sie meist seitlich als Zierlinie oder als Einfassung an Motorradtanks aufgebracht. Heute findet eine Liniengestaltung fast nur noch bei Oldtimern oder als Dekorlackierung statt.

Eingesetzt werden hierfür Schwertschlepper (Pinstriping) oder spezielle Konturenbänder.

Linieren mit dem Malerlineal und Schrägstrichzieher
Die gängigste Methode des freien Linierens ist das Linieren mit dem Malerlineal und dem Schrägstrichzieher (Abb. 4). Bei der Durchführung muss Folgendes beachtet werden:

- Die Linierfarbe darf nicht zu dickflüssig, aber auch nicht zu dünnflüssig sein, dies muss vor Beginn der Arbeit geprüft werden.
- Damit die Linierfarbe nicht hinter das Lineal laufen kann, muss die Hohlkehle des Lineals Richtung Untergrund zeigen.
- Beim Linieren keinen großen Druck auf den Pinsel ausüben.
- Das Malerlineal nach jeder gezogenen Linie mit einem Lappen reinigen.

Linieren mit dem Malstock oder der Malbrücke

- Malstock (Abb. 5) oder Malbrücke müssen parallel zum Untergrund gehalten werden.
- Mit dem Strichzieher wird entlang des Haltestocks gezogen.
- Der Strichzieher muss mit festem Halt an den Haltestock gedrückt werden.
- Beim Ziehen sollte die Handhaltung immer gleich sein, der Pinsel darf nicht gedreht werden.

Linieren durch Abkleben
Eine gerade Linie wird meistens durch Abkleben mit sehr glatten Klebebändern erzielt.

- Die Klebbandkanten sollten mit dem Untergrundfarbton überstrichen werden, um die Kanten zu versiegeln und eine exakte Kante zu erhalten.
- Die Linienfarbe kann sowohl mit dem Pinsel als auch mit der Rolle appliziert werden.
- Die Klebebänder werden abgezogen, sobald die Linienbeschichtung angetrocknet ist.

Linieren bei Autolackierern
Die einfachste Methode, um ein Liniendekor auf Fahrzeuge aufzubringen, ist das Aufkleben geeigneter Klebebänder oder Foliendekore. Diese Liniengestaltung kann später leicht wieder entfernt werden.
Um eine dauerhafte Linierung zu erreichen, wird diese ein- bzw. auflackiert.

Einlackieren von Linien
Folgende Arbeitsschritte sind erforderlich:

- Mattieren der Altlackierung
- Abkleben des Liniendekors und Abdecken der nicht zu beschichtenden Fläche
- Auslackieren des Liniendekors in dünnen Schichten
- Entfernung des Abdeckmaterials und der Konturenbänder
- Klarlackieren der mattierten Fahrzeugteile

Auflackieren von Linien – Pinstriping
Beim Pinstriping (Abb. 6) werden mit Schleppern freihändig Zierlinien aufgetragen. Die verwendeten Linierlacke haben einen geringen Festkörperanteil, trocknen langsam und haften ohne Anschleifen auf allen fettfreien Untergründen.

4 Schrägstrichzieher

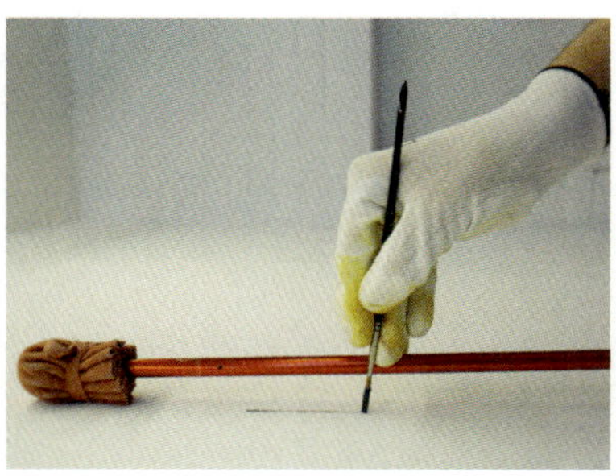

5 Malstock

6 Pinstriping

Aufgaben zu Lernfeld 1

1. Benennen Sie die abgebildeten Gebotszeichen und geben Sie je zwei Verwendungsbeispiele aus der Praxis an.

2. Wie oft muss der Ausbilder die Auszubildenden über die im Betrieb verwendeten Gefahrenstoffe und nötigen Schutzmaßnahmen unterweisen?

3. Für welche Arbeiten ist ein leichter Atemschutz nicht geeignet?

4. Nennen Sie Inhalte, die in einer Betriebsanweisung enthalten sind.

5. Erklären Sie die Begriffe Gleichstrom und Wechselstrom.

6. Welche beiden Schutzzeichen sollten auf den von Ihnen verwendeten elektrischen Geräten vorhanden sein?

7. Benennen Sie die abgebildeten Kennzeichen.

8. Ein Arbeitskollege hat einen Stromunfall erlitten. Erläutern Sie in Stichpunkten die Vorgehensweise zur Ersten Hilfe.

9. Nennen Sie allgemeine Sicherheitshinweise im Umgang mit elektrischen Geräten.

10. Nennen Sie Sicherheitsmaßnahmen, die beim Umgang mit Kabeltrommeln zu beachten sind.

11. Erklären Sie die Bedeutung der abgebildeten Zeichen:

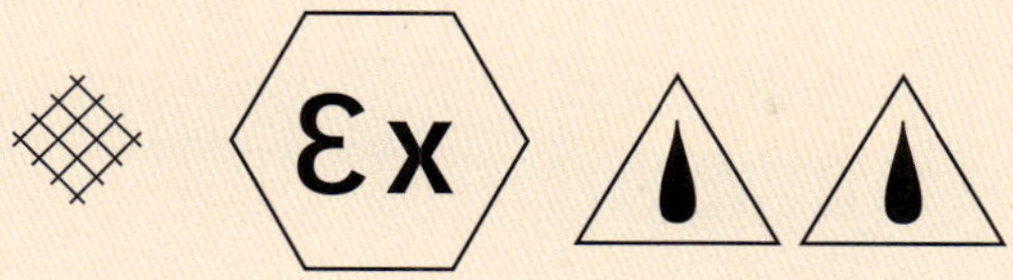

12. Nennen und beschreiben Sie die Sicherheitsregeln, die in den Abbildungen nicht beachtet wurden.

13. Nennen Sie die Teile die an dem Gerüst in der oberen, rechten Abbildung fehlen.

14. Beschreiben Sie die sachgerechte Lagerung von Klebebändern.

15. Nennen Sie die Bestandteile von Beschichtungsstoffen.

2 Nichtmetallische Untergründe bearbeiten und beschichten

KUNDENAUFTRAG

Malerarbeiten an einem Einfamilienhaus mit Werkstattgebäude durchführen

Arbeitsauftrag

Bei einem Neubau eines frei stehenden Einfamilienhauses mit dazugehörigem Werkstattgebäude sollen Malerarbeiten durchgeführt werden.

Hierfür sind die Untergründe zu prüfen und für die jeweilige Beschichtung vorzubereiten.

Im Erdgeschoss des Einfamilienhauses sollen Ausstellungsräume entstehen.

Die Wohneinheit befindet sich im ersten Obergeschoss. Das Einfamilienhaus und das Werkstattgebäude sind mit einem Carport verbunden.

Auszuführende Arbeiten

1. Die Außenwände sind zu prüfen und für eine Beschichtung mit Fassadenfarbe nach Bauherrenwunsch vorzubereiten.
2. Die Sichtschalung der Dachüberstände ist mit Schutzlasur zu versehen.
3. Die Fallrohre der Dachrinne aus Kunststoff sind für die Beschichtung im Fassadenfarbton vorzubereiten.

Objektbeschreibung

Außenwände
Die Außenwände aus Ziegelmauerwerk sind verputzt mit Kalk-Zement der Mörtelgruppe P II.

Dachüberstände
Die Dachüberstände betragen umlaufend 40–50 cm. Für die sichtbare Holzverbretterung, bestehend aus abgelagertem, unbehandeltem Holz, ist die Holzsorte nicht bekannt.

Fallrohre
Die Fallrohre bestehen aus einem unbekannten grauen Kunststoff.

Leistungsbeschreibung

Außenwände
Die Putzuntergründe müssen geprüft, gegebenenfalls mit artgerechtem Material ausgebessert und für die vom Bauherren gewünschte Beschichtung vorbereitet werden.

Holzverkleidung
Die Holzart ist zu ermitteln und dafür die passende Schutzlasurbeschichtung auszuwählen.

Fallrohre
Die Fallrohre sollen eine neue Lackbeschichtung im Fassadenfarbton erhalten.
Es ist die Kunststoffart zu ermitteln und die Fallrohre für die Beschichtung vorzubereiten.

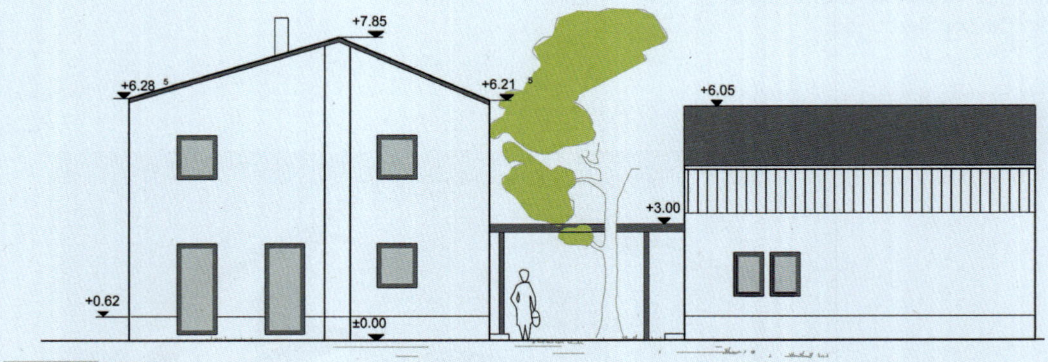

OSTEN

NORDEN

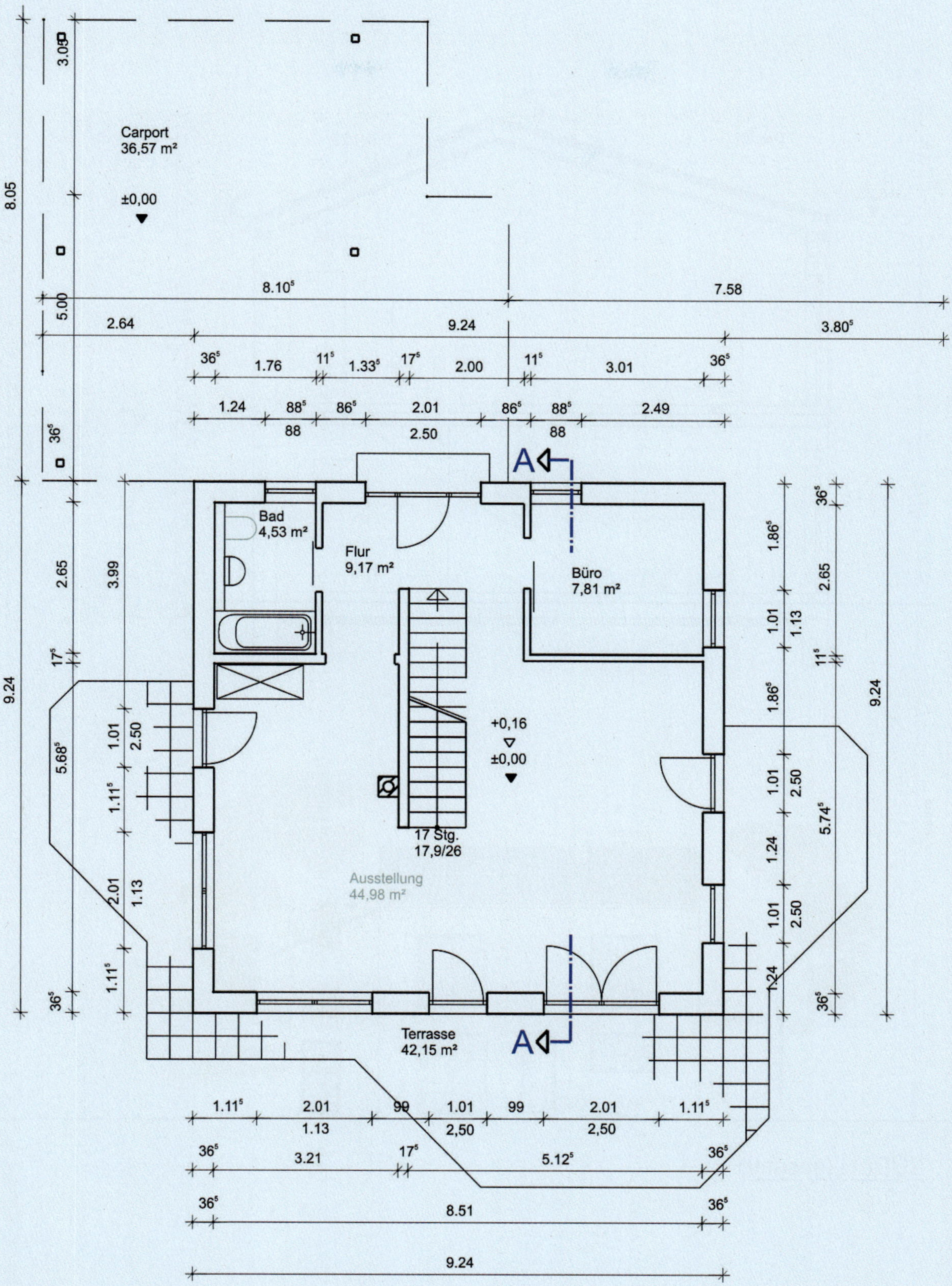
Carport
36,57 m²
±0,00
Bad
4,53 m²
Flur
9,17 m²
Büro
7,81 m²
+0,16
±0,00
17 Stg.
17,9/26
Ausstellung
44,98 m²
Terrasse
42,15 m²
A
A

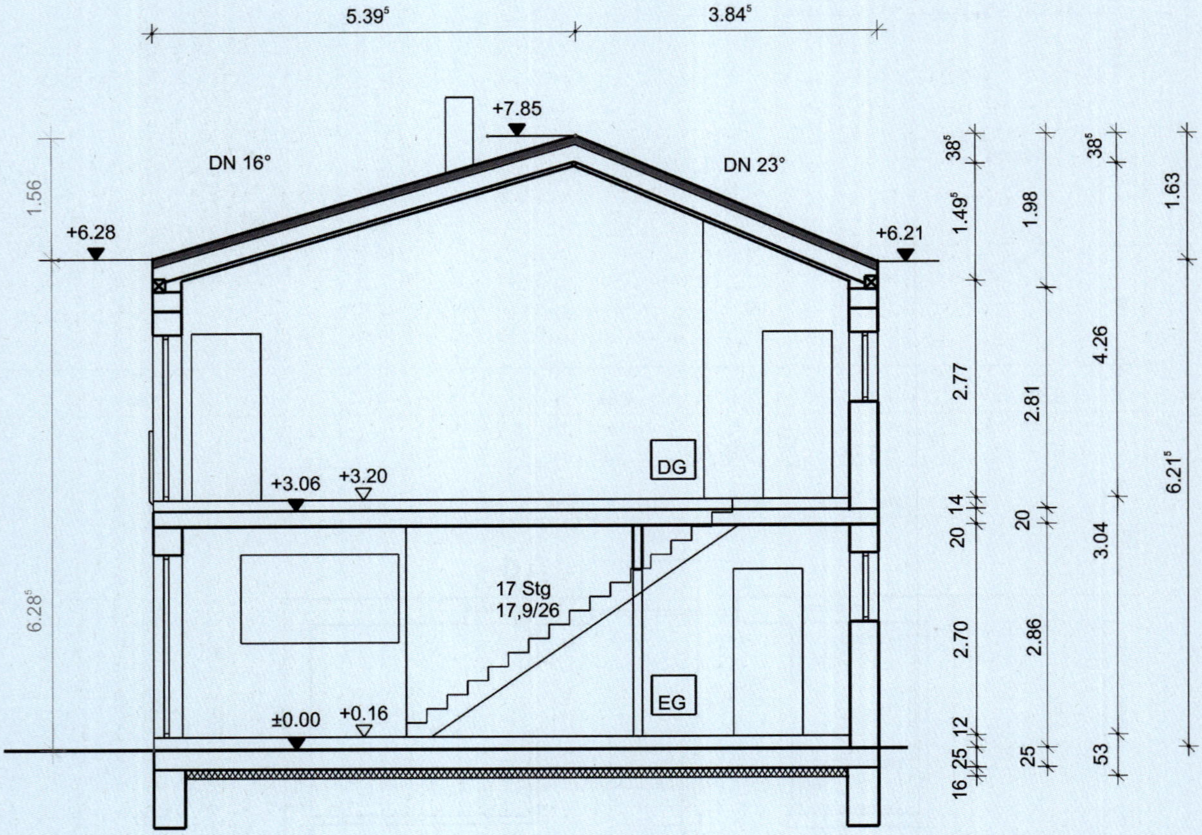

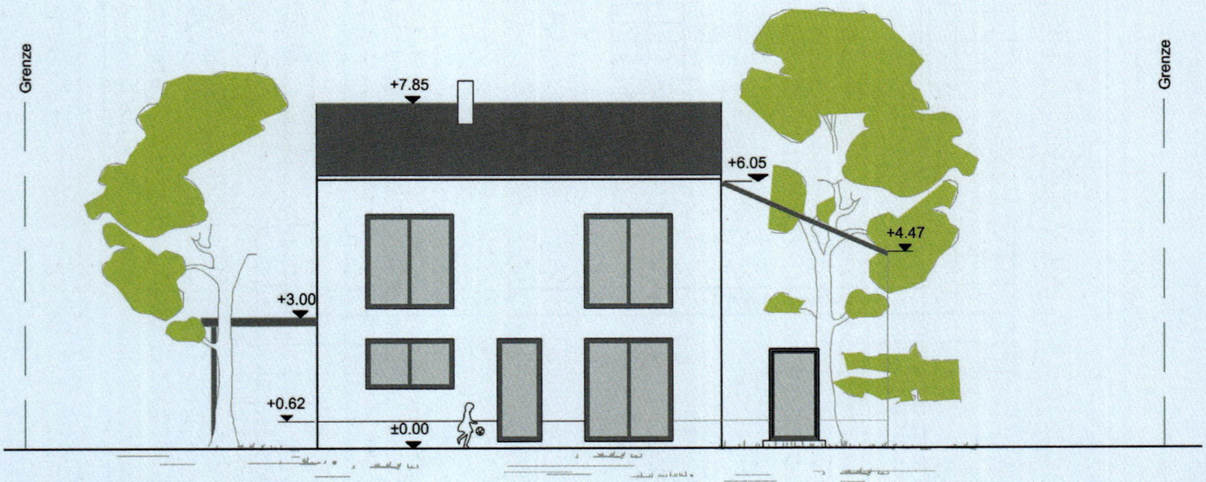

SÜDEN (gesamt)

2.1 Untergründe

Nichtmetallischer Untergrund ist ein Sammelbegriff, der alle Untergründe umfasst, die nicht aus Eisen- oder Nichteisenmetallen bestehen. Dieses sind die unterschiedlichen Untergründe Holz, Kunststoff, Stein, Keramik jeder Art, Beton oder Putz.

Innerhalb dieser Gruppe kann man noch die Unterteilung „poröse Untergründe" und „nicht poröse Untergründe" vornehmen. Holz und Beton sind beispielsweise poröse Untergründe, während Kunststoffuntergründe in der Regel nicht porös sind. Auch organische und mineralische Untergründe werden unterschieden. Holz und Kunststoff sind organischer Natur, während Stein, Putz oder Beton mineralisch sind.

2.1.1 Porosität

Das Vorhandensein von Poren ist ein wichtiges Merkmal der Untergründe. Bei natürlichen Materialien wie Holz und Stein kann die Anzahl und Größe der Poren, die Porosität, in weiten Bereichen schwanken. Obwohl einige Steine z. B. Marmor, sehr wenige Poren haben, gehören sie zu den porösen Untergründen. Bei künstlichen Materialien, z. B. Putz und Beton, kann die Porosität je nach Herstellungsart ebenfalls sehr unterschiedlich sein. Geschäumte Kunststoffe, z. B. Dämmmaterialien, haben sehr große Porenvolumen. Nicht poröse Materialien sind Glas und glatte Kunststoffe.

Wichtig wird die Porosität vor allem bei der Vorbehandlung der Untergründe: Nicht poröse Untergründe sind bei der Vorbereitung einer Beschichtung ähnlich zu behandeln wie metallische Untergründe.

Poröse Untergründe erfordern weitere Aufmerksamkeit. Die offenen Poren können Wasser enthalten oder sie können den Anstrichstoff aufsaugen. Es ist daher wichtig, sich mit den Eigenschaften der Poren und den Eigenschaften der Baustoffe näher vertraut zu machen.

1 Nichtmetallische Untergründe unter dem Mikroskop: Beton, Holz, Naturstein (von oben nach unten)

Tab. 1: Nichtmetallische Untergründe

Untergründe	mineralisch	organisch
porös	Beton, Putz, Estrich, Stein	Holz, Schaumstoffe
nicht porös	Glas	Kunststoffe

Porosität

Die wichtigsten Daten der Porosität sind:
- die Gesamtmenge der Poren [Gesamtporosität, in Volumenprozent (Vol.-%), bezogen auf das Baustoffvolumen],
- die Größenverteilung der Poren [Porenradienverteilung, wird in speziellen Diagrammen erfasst].

In der Praxis ist die maximale Wasseraufnahme eines porösen Stoffes wichtig, die in Massenprozent angibt, wie viel Wasser in die Poren eindringen kann, bis alle dem Wasser zugänglichen Poren gefüllt sind.
Die Größe der Poren spielt eine Rolle, wenn Flüssigkeiten aufgesaugt werden können, z. B. das Grundwasser im Mauerwerk oder auch ein dünnflüssiger Anstrichstoff (z. B. eine Grundierung).
Kleine Poren mit Durchmessern etwa < 1 µm (1 µm = 1/1 000 mm) saugen langsam und wenig Flüssigkeit, können sie aber in große Höhen steigen lassen.
Große Poren mit Durchmessern etwa > 1 µm saugen schnell viel Flüssigkeit, können diese aber nicht hoch transportieren.
Das Saugen in einem keilförmigen Spalt (Abb. 1) zeigt den Zusammenhang zwischen Porengröße (hier: Abstand der beiden Glasplatten) und der Steighöhe der Flüssigkeit.

1 Steighöhe zwischen zwei gewinkelt angeordneten Glasplatten

2.1.2 Feuchtegehalt

Poröse Baustoffe enthalten Feuchte. Die Feuchte gelangt durch Aufnahme von feuchter Luft oder von flüssigem Wasser in die Poren. Da Luft immer einen gewissen Feuchteanteil enthält, sind poröse Baustoffe auch immer feucht – lediglich die Menge der Feuchte entscheidet darüber, ob sie für den Anstrich oder die Lackierung ein Problem darstellt oder nicht.

Wenn poröse Baustoffe im Kontakt mit Wasser stehen, können sie das Wasser kapillar aufsaugen. In diesem Fall ist die Feuchte fast immer zu hoch für Beschichtungsmaßnahmen. Saugt der Baustoff nämlich Wasser auf, sind die Poren schnell vollständig mit Wasser gefüllt. Eine kapillare Wasseraufnahme muss also verhindert werden. Der Baustoff muss vom Wasser oder das Wasser vom Baustoff ferngehalten werden. Daher werden zu beschichtende Wände vor Regen geschützt oder hinterfeuchtete Bauteile vom Wasser isoliert.

Doch die Luftfeuchte führt zu wechselnden Wassergehalten im porösen Baustoff. Bei geringen Luftfeuchten nimmt der poröse Baustoff nur wenig Feuchte auf. Steigt die Luftfeuchte, steigt auch der Feuchtegehalt des Baustoffs. Wird der Baustoff längere Zeit sehr feuchter Luft ausgesetzt, können sich auch dadurch die Poren vollständig mit Wasser füllen. Viele Beschichtungsstoffhersteller geben daher obere Grenzen der Luftfeuchte für die Verwendung ihrer Materialien an. Die Messung der Luftfeuchte sollte also für den Maler und Lackierer zu den routinemäßigen Vorarbeiten gehören. Die Feuchteaufnahme aus feuchter Luft wird auch Sorption genannt. Sorptionskurven geben den Zusammenhang zwischen Luftfeuchte und Baustofffeuchte wieder.

2.1.3 Quellen und Schwinden

Bei vielen porösen Baustoffen führt die Aufnahme von Feuchte dazu, dass der Baustoff seine Dimensionen ändert, das heißt, dass Länge, Breite und Dicke größer werden. Diesen Vorgang bezeichnet man als Quellen. Umgekehrt schwinden die meisten porösen Materialien bei Feuchteentzug, das heißt, dass die Dimensionen kleiner werden. Den Wechsel zwischen „größer und kleiner werden" bei feuchteren oder trockeneren Bedingungen nennt man daher Quellen und Schwinden.

Das Maß, in dem poröse Stoffe quellen und schwinden, ist sehr unterschiedlich. Einige Stoffe, z. B. manche Hölzer, dehnen sich bei Feuchteeinfluss so stark, dass der Unterschied mit dem Auge wahrnehmbar ist. Bei anderen Stoffen, z. B. bei Beton, braucht man sehr feine Messinstrumente, um die Unterschiede in den Abmessungen wahrnehmen zu können.

2.1.4 Hydrophob und hydrophil

Mineralische Baustoffe, Metalle und Holz lassen sich mit Wasser benetzen. Das heißt, dass sich Wasser vollständig auf der Oberfläche ausbreitet. Daher kann das Wasser bei Holz und Putz auch durch die Kapillaren aufgenommen werden. Derartige Stoffe bezeichnet man als hydrophil.
Stoffe, auf deren Oberfläche das Wasser abperlt wie auf einer Wachsjacke und deren Kapillaren das Wasser nicht aufnehmen, werden als hydrophob bezeichnet.

Hydrophile, kapillare Stoffe können durch Imprägnieren mit geeigneten Stoffen wasserabstoßend gemacht (hydrophobiert) werden. Beispiele sind imprägnierte Textilien (Regenjacken) genauso wie hydrophobiertes Mauerwerk. Die kapillare Wasseraufnahme von Mauerwerk kann durch Hydrophobieren bis nahe null reduziert werden.

Physikalische Umgebungsbedingungen

Als physikalische Umgebungsbedingungen bezeichnet man die Vorbedingungen für eine Beschichtung, die durch Temperatur, Feuchte, Sonneneinstrahlung und ähnliche Kennwerte hervorgerufen werden.
Die Unterschiede können der folgenden Tabelle entnommen werden.

Klima	oder Umgebungsklima: Temperatur (in Grad Celsius; °C) und relative Luftfeuchte (in Prozent; %) der umgebenden Luft
Relative Luftfeuchte	Die Luft kann bei jeder Temperatur unterschiedlich viel Wasser aufnehmen. Je wärmer die Luft, desto mehr Wasser kann sie aufnehmen, so z. B. • maximal 9,4 g in einem Kubikmeter (m^3) bei 10 °C oder • maximal 17,3 g in einem m^3 bei 20 °C. Diese Maximalwerte entsprechen 100 % relativer Luftfeuchte (r. F.) bei diesen Temperaturen. Ist nur die Hälfte dieser Menge in der Luft, also z. B. 4,7 g bei 10 °C, so spricht man von 50 % r. F. bei 10 °C. 4,3 g Wasser in einem m^3 Luft bei 20 °C entsprechen 25 % r. F.
Taupunkt	Es ist die Temperatur in °C, ab der die Luft zusätzliche Feuchte nicht mehr aufnehmen kann. Kühlt feuchte Luft, z. B. Luft mit 15 g Wasser pro Kubikmeter, abends von 20 °C auf 10 °C ab, kann die Luft nur noch 9,4 g pro m^3 aufnehmen. 5,6 g fallen als flüssiges Wasser (Tau) aus der Luft. Das gleiche kann mit warmer, feuchter Luft an kalten Oberflächen passieren. Nimmt man z. B. an einem warmen Tag eine kalte Getränkeflasche aus dem Kühlschrank, beschlägt sie mit Tauwasser. An der Oberfläche wurde der Taupunkt unterschritten.
Oberflächentemperatur	Darunter versteht man die Temperatur der zu beschichtenden Oberfläche. Liegt diese deutlich unter der Lufttemperatur, kann der Taupunkt unterschritten werden. Die Oberfläche wird dann mit Tauwasser befeuchtet und kann nicht beschichtet werden.
Sonneneinstrahlung	Direkte Sonneneinstrahlung kann Oberflächen sehr stark erwärmen. Dunkle Fassaden erreichen im Sommer dadurch eine Oberflächentemperatur von bis zu 80 °C. Die Oberfläche kann zu warm für eine Beschichtungsmaßnahme werden.
Wind	Wind führt zu schnellem Austausch der umgebenden Luft. Starker Wind führt durch den Luftaustausch dazu, dass Beschichtungsstoffe schneller, unter Umständen zu schnell, abtrocknen.

1 Wassertropfen auf einer hydrophobierten Putzoberfläche

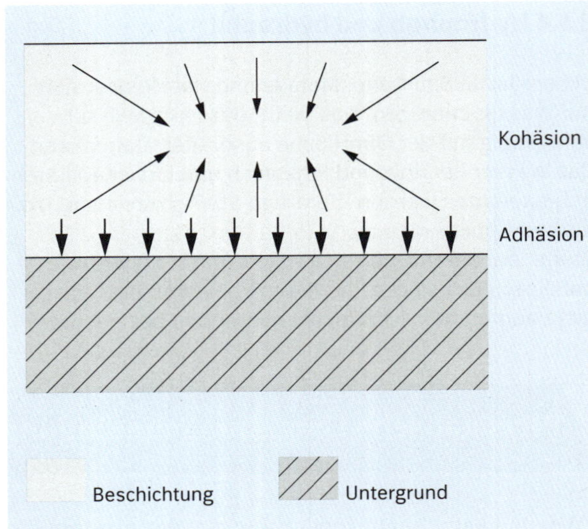

2 Adhäsion und Kohäsion

3 Adhäsion und Kohäsion waren nicht hoch genug

2.1.5 Oberflächenspannung

Ursache für das hydrophobe und hydrophile Verhalten sind die Oberflächenenergien der festen Oberflächen und die Oberflächenspannung des Wassers. Die Oberflächenspannung ist eine Eigenschaft der Oberfläche zwischen einer Flüssigkeit, z. B. Wasser, und einem Gas, z. B. der Luft. Die Oberfläche der Flüssigkeit verhält sich wie eine gespannte, elastische Folie. Dieser Effekt ist z. B. die Ursache dafür, dass Wasser Tropfen bildet. Er trägt dazu bei, dass einige Insekten über das Wasser laufen können oder dass ein Wassertropfen auf einer hydrophoben Oberfläche in Kugelform bleibt.

2.1.6 Adhäsion und Kohäsion

Als Adhäsion (= Anhangskraft), wird das Haften zweier Stoffe oder Körper aneinander bezeichnet. Das Haften einer Beschichtung auf dem Untergrund beruht auf der Adhäsion.

Kohäsion wird die Zusammenhangskraft in einem Körper genannt. Ein Körper mit hoher Kohäsion ist schwer in zwei Teile zu reißen.

Bezogen auf eine Beschichtung, die auf einem Untergrund haften soll, ist eine gute Kohäsion wichtig, um die Beschichtung zusammenzuhalten und vor Beschädigungen wie Rissen oder Kreiden zu schützen. Eine gute Adhäsion sorgt dafür, dass die Beschichtung gut am Untergrund haftet und sich nicht ablöst oder Blasen wirft. Abb. 2 zeigt die typischen Schäden, die durch geringe Adhäsion und Kohäsion hervorgerufen werden.

2.2 Beton und Putz

2.2.1 Beton

Beton und Putzuntergründe gehören zu den künstlich hergestellten Steinen. Man unterscheidet hier grundsätzlich Betone und Mörtel, wobei die zugegebenen Steine oder Sande, die Zuschläge, ausschlaggebend für die Bezeichnung sind. Betone haben Zuschläge mit Steinen größer als 4 mm Durchmesser, Mörtel entsprechend Sande und Grobsande mit Körnern kleiner als 4 mm Durchmesser.

Beton besteht aus Zement, Wasser und Zuschlägen. Diese Mischung wird bei der Herstellung meist noch mit Zusatzmitteln und Zusatzstoffen versetzt. Der Zement dient als Bindemittel, das die anderen Bestandteile zusammenhält. Der Zement macht meist um 10–15 % der Betonmasse aus. Zement wird als trockenes Pulver mit dem Anmachwasser und dem Zuschlag vermischt. Dabei werden große Mengen basische Stoffe wie Löschkalk frei, was einen hohen pH-Wert (pH = 12,5–13,5) verursacht. Die Festigkeit des Betons entsteht durch Auskristallisierung der Mineralien des Zements. Dabei bilden sich durch Wasseraufnahme kleine Kristallnadeln, die fest verfilzen (Abb. 5). Beton verfestigt sich zunächst schnell, oft kann man schon nach wenigen Stunden darübergehen. Die endgültige Festigkeit wird aber erst nach Wochen und Monaten erreicht.

Während dieser Zeit reagiert der Zement immer weiter mit dem Anmachwasser. Beton kann hohe Druckkräfte aufnehmen, versagt aber schon bei niedrigen Zugbeanspruchungen. Daher wird Beton meist mit Stahl verstärkt. Der Beton nimmt dann die Druckkräfte auf. Die Zugkräfte übernimmt der vom Beton umhüllte Stahl. Wichtig ist die Dicke des Betons über dem Stahl, die man auch Betondeckung nennt: Der Beton schützt aufgrund seines hohen pH-Wertes den Stahl vor dem Rosten. Dies kann nur dann für lange Zeit geschehen, wenn der Beton dick genug ist.

Beton kann je nach Herstellungsart, Rezeptur und Alter sehr unterschiedlichen Einfluss auf Beschichtungen und Beschichtungsstoffe haben. Für die Beurteilung, wie der Untergrund vorzubereiten ist oder welcher Anstrichstoff verwendet werden kann, ist es daher wichtig, Beton zu unterscheiden nach:

- Trockenrohdichte (Leichtbeton, Normalbeton, Schwerbeton),
- Druckfestigkeit (z. B. hochfester Beton),
- Ort der Herstellung (Transportbeton, Baustellenbeton, Fertigteilbeton),
- Erhärtungszustand (Frischbeton, junger Beton = „grüner" Beton, Festbeton, Altbeton),
- Oberfläche (Sichtbeton, „Wasch"beton, Schalungsfläche, Gussfläche).

4 Betonierarbeiten

5 Wachsende Zementkristalle in stark vergrößerter Ansicht

2.2.2 Mörtel, Putzmörtel

Mörtel wird, wie Beton, aus Wasser, Bindemittel und Zuschlägen hergestellt. Ebenso wie bei Beton werden Zusatzmittel zugesetzt. Im Gegensatz zu Beton unterscheidet man jedoch nach Bindemitteln: Gipsmörtel, Kalkmörtel und Zementmörtel und nach der Verwendung: Mauermörtel, Putzmörtel und Estrichmörtel. Neuerdings wird auch zunehmend Lehm, ein natürlicher Mörtel aus Ton, als Bindemittel und Sand als Zuschlag wieder verwendet. Lehm findet seinen Einsatz vor allen Dingen als Lehmputz. Lehm wird durch Trocknen des enthaltenen Wassers fest und ist nicht wasserbeständig.

Zementmörtel besteht aus Zement, Sand und Wasser. Er erhärtet genauso wie Beton, nimmt also Wasser zur Erhärtung auf und bildet Zementkristalle. Diese verfilzen bei der Erhärtung und binden den Sand ein.

Kalkmörtel besteht aus gelöschtem Kalk, auch Kalkteig genannt und Sand. Gelöschter Kalk entsteht aus gebranntem Kalkstein, zu dem Wasser gegeben wird.

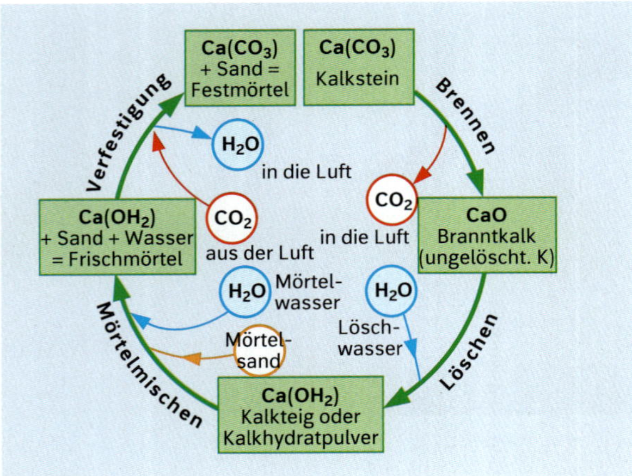

1 Kalkkreislauf

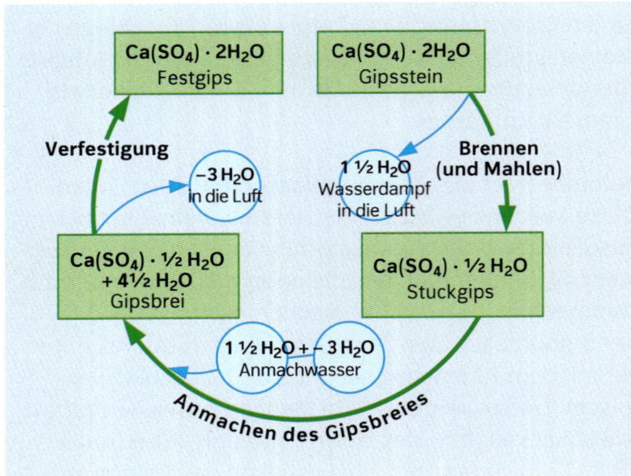

2 Gipskreislauf

Normen, Richtlinien und Merkblätter

Das Bauwesen und damit auch das Beschichten wird durch eine Vielzahl von Bestimmungen geregelt. Neben deutschen **Normen** (DIN), gibt es europäische Normen (EN) und internationale Normen (ISO). Manche Normen haben nur in Deutschland Gültigkeit (DIN), andere auch in Europa (DIN EN), einige sind in Deutschland, in Europa und international gültig (DIN EN ISO). Normen gelten als „anerkannte Regeln der Technik", nach denen jeder zu arbeiten hat. In den Normen sind auch viele Baustoffe definiert und die Begriffe für die Baustoffe festgelegt. Beispiele sind:

DIN 53159:	Beschichtungsstoffe – Bestimmung des Kreidungsgrades von Beschichtungen nach Kempf
DIN EN 206:	Beton – Teil 1: Festlegung, Eigenschaften, Herstellung und Konformität
DIN EN ISO 6504:	Beschichtungsstoffe – Bestimmung des Deckvermögens

Um die vielen Normen überschaubarer zu machen, geben Handwerksverbände oder andere Organisationen **Merkblätter** heraus, die auf diesen Normen beruhen, sie in Details ergänzen oder vereinfachen. Diese Merkblätter beschreiben in praktischer Form, was zu tun ist, geben also Ausführungshinweise. Ein bekanntes Beispiel sind die Merkblätter des Bundesverbandes für Sachwerteschutz, die BfS-Merkblätter.

Die **V**ergabe- und Vertrags**o**rdnung für **B**auleistungen (**VOB**) ist ein in Deutschland gültiges, dreiteiliges Werk, das Regelungen für den Inhalt von Bauverträgen und für die Vergabe von Bauaufträgen durch öffentliche Auftraggeber enthält. Besonders wichtig ist hier der Teil C der VOB, der gleichzeitig als DIN herausgegeben wird. Für Maler und Lackierer ist hier die DIN 18363: VOB Vergabe- und Vertragsordnung für Bauleistungen – Teil C: Allgemeine Technische Vertragsbedingungen für Bauleistungen (ATV) – Maler- und Lackiererarbeiten – Beschichtungen maßgebend.

Der Kalkteig benötigt zum Erhärten Kohlendioxid aus der Luft und gibt Wasser an die Luft ab. Kalkmörtel wird daher auch „Luftmörtel“ genannt.

Gips wird durch Brennen aus Gipsstein hergestellt. Man unterscheidet weniger stark gebrannten Gips, Stuckgips und völlig wasserfrei gebrannten Gips, den Anhydrit. Mischt man den Anhydrit oder den Stuckgips mit Wasser, bilden sie durch Wiederaufnahme von Wasser Kristalle, die ähnlich wie die Zementkristalle erhärten, aber nicht wasserfest sind (Abb. 2).

Die Mörtel werden in Mörtelgruppen gegliedert. Je nach Verwendungszweck gibt es die Gruppen für Mauermörtel nach DIN EN 998-2 und die Gruppen für Putzmörtel nach DIN 18550. Als Putz bezeichnet man eine Beschichtung aus Mörtel, die an Außenwänden, Innenwänden und Decken aufgebracht wird. Putz selbst wird in der Regel durch Anstriche geschützt.

2.2.3 Putze, Unterteilung

Da Putz als Beschichtungsuntergrund in der Praxis wichtiger als Fugenmörtel ist, werden hier die Putzmörtelgruppen aufgeführt:

P I:	Kalkmörtelgruppe (Mörtel aus Sand und gebranntem Kalk) Verwendung als Innenputz
P II:	Kalk-Zement-Mörtelgruppe (Mörtel aus Sand, gebranntem Kalk und Zement) Verwendung als Außenputz
P III:	Zementmörtelgruppe (Mörtel aus Sand und Zement) Verwendung als Außenputz und Unterputz
P IV:	Gipsmörtelgruppe (Mörtel aus Gips und Sand) Verwendung als Innenputz (trockene Räume)

3 Putzfassade

Neben der Unterteilung der Putze nach den enthaltenen Bindemitteln, wie zuvor aufgeführt, werden Putze weiterhin oft nach dem Bearbeitungsverfahren unterschieden.

Man differenziert zum Beispiel:
- Scheibenputz – mit der Glättscheibe verrieben, glatt.
- Kellenstrichputz – mit der Kelle verdichteter Putz, leicht strukturiert.
- Kratzputz – mit einem Nagelbrett aufgerauter Putz, rau.
- Maschinenputz – maschinell verarbeitet und in der Regel glatt gezogen, glatt.
- Kellenwurfputz – angeworfener, nicht geglätteter Putz, sehr rau.

Daneben gibt es noch weitere Bezeichnungen wie Leichtputz für Putze mit Schaumstoffzuschlägen für Wärmedämmzwecke oder Edelputz für Deckputze mit besonderer Oberflächengüte, die in der Regel nicht beschichtet werden.

1 Putzoberflächen: Edelkratzputz, Münchener Rauputz, Landhaus Struktur (von links nach rechts)

2.2.4 Putzschäden

Ein auf das Bauwerk aufgebrachter neuer Putz ist grundsätzlich ein unproblematischer Untergrund für darauf abgestimmte Beschichtungen. Aber wie alte Putze können auch neue Putze Schäden aufweisen, die vor einer Beschichtung erkannt werden müssen. Fehler in neuem Putz sind meist auf Verarbeitungsfehler zurückzuführen, die im Putz selbst oder im Untergrund liegen können.

Putz kann Risse aufweisen. Je nach Form und Breite der Risse unterscheidet man sie in Haarrisse, Netzrisse, Fugenrisse und bauwerksbedingte Risse. Bauwerksbedingte Risse sind breite Trennrisse, die auf Risse im Mauerwerk durch Setzung des Bauwerkes oder Schäden in der Konstruktion entstehen. Im Vorfeld einer Beschichtungsmaßnahme müssen derartige Bauschäden von Grund auf beseitigt werden, ehe der Maler seine Arbeit aufnehmen kann.

Fugenrisse sind Risse, die das Fugenbild des Mauerwerks erkennen lassen, indem sie je Fuge einen durch den Putz gehenden Riss abbilden. Die Ursache können sich in der Form verändernde Mauersteine oder ein zu dünner Putzauftrag sein.

Netzrisse sind schmale, den ganzen Putz durchdringende, Risse mit einem zusammenhängenden, netzartigen Rissbild. Sie haben ihre Ursache meist in Zusammensetzungsfehlern des Putzes.

Haarrisse sind Oberflächenrisse, durchdringen die Putzschicht also nicht. Meist bilden sie ein nicht zusammenhängendes Rissbild mit höchstens 1 bis 2 mm tiefen, sehr feinen Rissen. Haarrisse können oft nur durch Anfeuchten sichtbar gemacht werden. Sie bilden sich dann als dünne, dunkle Linien ab.

Neben Rissen können bei neuem Putz Absandungen auftreten. Diese sind auf einen Unterschuss an Bindemittel, z. B. Zement oder Kalk, im Vergleich zum Sandzuschlag zurückzuführen.

Geringfügige Absandungen können mit einem verfestigenden Tiefgrund behandelt werden. Sandet der Putz sehr stark, muss er saniert werden.

2.2.5 Einfache Untergrundprüfungen

Einige einfache Prüfungen können Fehler an einem Putz schnell aufdecken.

- Die **Wassertropfenprobe**/Benetzungsprobe besteht darin, einen Tropfen Wasser auf die Putzoberfläche aufzubringen. Wird der Tropfen schnell aufgesaugt, ist der Putz sehr porös und saugt sehr stark. Unter Umständen ist er dann auch nicht fest genug für eine Beschichtung. Mit einem Tiefgrund können die Poren verengt werden, damit wird das Saugen vermindert und die Oberfläche gefestigt.
- Durch **Reiben mit der Handfläche** oder Scheuern mit Tuch oder Schwamm kann festgestellt werden, ob der Putz absandet.
- Das **Ritzen des Putzes** mit einem Messer gibt Auskunft über seine Festigkeit und Kohäsion. Bröckelt der Putz beim Ritzen stark aus, ist der Zusammenhalt nicht gut genug. Bietet der Putz dem Ritzen Widerstand und zeigt nur eine messerbreite Vertiefung, kann von einem guten Zusammenhalt ausgegangen werden. Tabelle 1 zeigt Untergrundprüfungen im Überblick.

2 Putzrisse: Haarrisse, Netzrisse, Fugenrisse (schematisch)

Tab. 1: Untergrundprüfungen Putz (Beispiele)

Prüfung auf	Methode	Erkennung	Maßnahmen
Oberflächenfestigkeit	Kratzprobe mit Nagel o. Ä.	Beschädigung bei geringem Kraftaufwand	Lose und lockere Teile entfernen
	Wischprobe	Geringer Abrieb	Putz festigende Grundierung
		Starker Abrieb	Putz erneuern
Saugfähigkeit	Benetzung mit Wasser	Wasser wird sehr schnell aufgesaugt.	Poren füllende Grundierung
		Wasser wird mäßig aufgesaugt.	Keine Maßnahme
		Wasser wird langsam oder nicht aufgesaugt; Wasser perlt ab.	Ursache (z. B. Trennschicht oder Porenfüllung) feststellen und beseitigen
Schmutz, Rostflecken	Augenschein	z. B. braune Flecken	Entfernen
Hohllagen	Abklopfen	Klingt hohl beim Klopfen	Ausbessern
Risse	Augenschein	Rissart erkennen	Je nach Rissart geeignet ausbessern

2.3 Holz

2.3.1 Holzarten

Holz ist ein natürlicher Baustoff. Als Holz bezeichnet man die feste Substanz des Stammes und der Äste von Bäumen und Sträuchern. Da es sehr viele Baum- und Straucharten gibt, gibt es auch rund 20000 Holzarten, von denen aber nur wenige als Baustoff genutzt werden. Um die Übersicht über die immer noch recht vielen benutzten Holzsorten zu vereinfachen, werden ähnliche Holzsorten zu Gruppen zusammengefasst, die man Handelssortimente nennt. Das Handelssortiment „Eiche" umfasst z. B. viele unterschiedliche Eichenarten.

3 Holz und Holzwerkstoffe

Selbst diese wenigen, zu Sortimenten vereinfachten Holzarten reichen aber noch aus für eine Vielfalt von möglichen Beschichtungsuntergründen. Dazu kommen noch die unterschiedlichsten Holzwerkstoffe. Holzwerkstoffe werden aus Bindemitteln und Holzspänen, Holzstreifen oder Holzfasern unterschiedlichster Hölzer hergestellt.

Beispiele sind mitteldichte Faserplatten (MDF), Spanplatten oder Oriented Strand Boards (OSB). Aufgrund dieser Vielfalt werden hier zunächst die wichtigsten allgemeinen Eigenschaften von Holz betrachtet.

2.3.2 Holzaufbau

Holz besteht aus Cellulosen, Lignin, mineralischen Stoffen und weiteren Inhaltsstoffen. Die Cellulosen und das Lignin machen mit zusammen über 90 % den größten Anteil aus.

Weitere Inhaltsstoffe sind Harze, Fette und ätherische Öle (z. B. Terpentinöl), Gerbstoffe, Kautschuk und Kampfer.

Diese sind in vielen Fällen für die Beschichtung von großer Bedeutung, da sie für Beschichtungsfehler wie Harzgallen, Ablösungen oder Verfärbungen verantwortlich sein können. Daher ist es von Bedeutung zu wissen, welches Holz beschichtet werden soll.

Während des Wachstums bildet der Baum Schicht um Schicht, Jahresring um Jahresring, um den Stamm herum neues Holz. Die äußersten Schichten dienen dem Transport von Wasser und Nährstoffen, der innere Teil des Stammes, das Kernholz, hat im Wesentlichen Tragfunktion. Bei manchen Hölzern, z. B. bei Kiefern und Lärchenholz, können Kernholz und Splintholz, also der innere und äußere Bereich, scharf unterschieden werden.

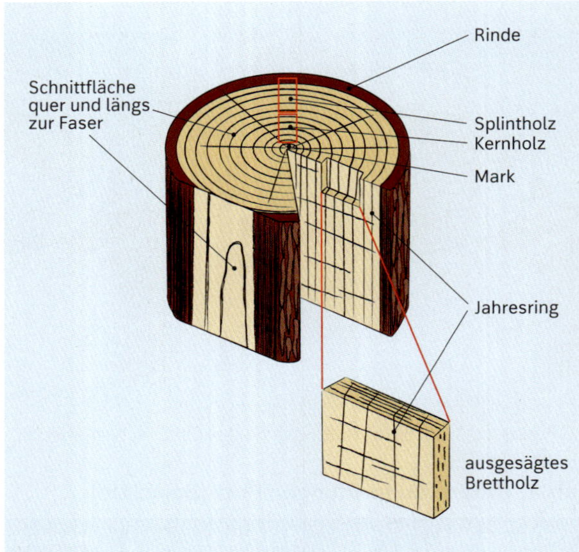

1 Aufbau des Holzes (schematisch)

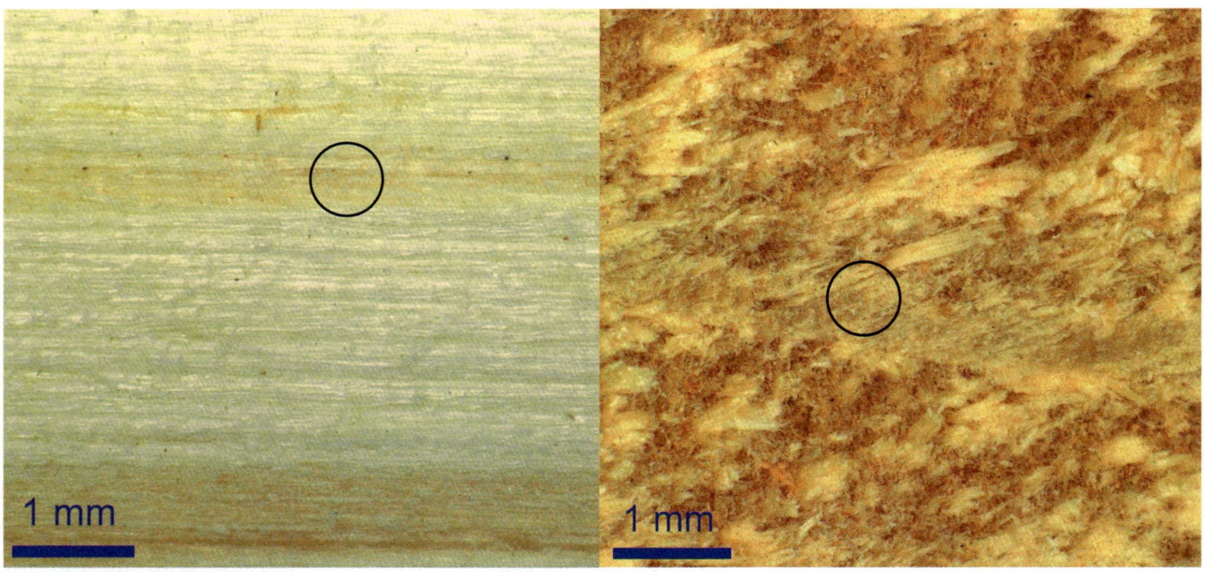

2 Mikroskopische Darstellung von Fichtenholz längs zur Faser (links) und quer zur Faser (rechts). Im Kreis: Jahresring

3 Laub- und Nadelhölzer: Buche, Eiche, Erle, Fichte (von links nach rechts)

Durch diesen Aufbau bedingt ist Holz ein anisotropes Material. Das bedeutet, dass seine Eigenschaften nicht in alle Richtungen gleich sind. Man unterscheidet:

- die Richtung des Baumwuchses nach oben, aufgrund des Verlaufs der Holzfasern auch längs zur Faser genannt,
- die Richtung des Holzzuwachses (Verdickung des Stamms), aufgrund des Verlaufs der Holzfasern auch quer zur Faser genannt.

Während Tischler und andere Holz verarbeitende Berufe zwischen drei Schnittarten unterscheiden, ist für die Beschichtung vor allem die Unterscheidung zwischen Stirn- oder Hirnholz und den beiden Seitenflächen wichtig. Da beim Stirnholz die Wasser führenden Kapillaren des Holzes quer durchgeschnitten sind, saugt diese Seite um ein Vielfaches mehr Wasser oder Anstrichstoff auf. Daher benötigt diese Seite immer eine besondere Behandlung.

Die Abb. 2 zeigt Mikroskopbilder von Fichtenholz längs und quer zur Faser. Längs zur Faser sieht man eine dicht erscheinende Oberfläche. Die Holzfasern sind gut zu erkennen. Quer zur Faser sieht man im gleichen Massstab eine im Vergleich raue, offene Oberfläche. Die Poreneingänge sind gut zu sehen, die Möglichkeit hoher Wasseraufnahme lässt sich nachvollziehen. Auch der Jahresring ist sowohl längs als auch quer zur Faser zu erkennen.

2.3.3 Holzfeuchte

Als Holzfeuchte bezeichnet man den Wasseranteil im Holz, bezogen auf die Trockenmasse des Holzes. Die Holzfeuchte wird in Prozent angegeben. Sie ist ein wichtiges Maß des Werkstoffes Holz. Die Verarbeitungseigenschaften und die mechanischen Eigenschaften hängen von der Holzfeuchte ab. Man kann Holz beispielsweise bei bestimmten, hohen Holzfeuchten biegen, während das gleiche Holz bei geringerer Feuchte bei gleicher Belastung bricht. Wichtig ist die Holzfeuchte auch für Beschichtungsmaßnahmen. Bei zu hohen Holzfeuchten darf nicht beschichtet werden, da die Beschichtung dann nicht dauerhaft auf dem Holz haften kann.

Absolut trockenes Holz mit 0 % Holzfeuchte bezeichnet man als darrtrocken. Im Holz, das nicht direkt dem Wasser ausgesetzt ist (z. B. durch Regen oder Erdfeuchte), stellt sich, wie bei allen porösen Baustoffen, mit der Zeit eine bestimmte, von der relativen Luftfeuchte und der Temperatur abhängige Ausgleichsfeuchte ein. Diese Ausgleichsfeuchte des Holzes schwankt in Räumen

4 Nadelhölzer und exotische Hölzer: Kiefer, Sapeli, Niangon, Palisander (von links nach rechts)

Tab. 1: Holzarten und Eigenschaften

	Holzname	Herkunft	Farbe		Verwendung
			Splintholz	Kernholz	
Nadelhölzer	Douglasie	Nordamerika	gelbweiß	gelbbraun	Konstruktionen, Täfelung, Parkett
	Fichte	Europa	gelbweiß	glänzend	Konstruktionen (innen), Parkett, Dielen
	Kiefer	Europa, Asien	hellgelb	rotbraun	Konstruktionen, Täfelung, Parkett, Rahmen
	Lärche	Europa	gelbweiß	rotbraun	Konstruktionen, Täfelung, Parkett, Rahmen
	Tanne	Europa, Amerika	gelblich – rötlich weiß		Konstruktionen (innen), Parkett, Dielen
	Western Red Cedar	Nordamerika	gelbweiß	rotbraun	Täfelung, Fassaden
Laubhölzer	Birke	Europa, Asien	weiß – bräunlich		Täfelung, Furniere
	Buche	Europa	gelb – rotbraun		Konstruktionen (innen), Parkett, Rahmen
	Esche	Europa, Asien	gelblich	hellbraun	Täfelung, Furniere
	Eiche	Europa	gelblich	hellbraun	Konstruktionen, Täfelung, Parkett, Rahmen
	Mahagoni	Afrika	rötlich	rotbraun	Konstruktionen, Täfelung, Parkett, Rahmen
	Meranti	Süd-Ost-Asien	gelbweiß	Rottöne	Fenster, Treppen
	Nussbaum	Amerika, Europa	graurot	graubraun	Täfelung, Parkett, Rahmen

zwischen 6 % und 10 %. Die Holzfeuchte schwankt im Freien ohne direkten Wassereinfluss zwischen etwa 8 % und etwa 16 % – allerdings sind auch Werte darüber und darunter möglich.

2.3.4 Quellen und Schwinden des Holzes

Gibt Holz unterhalb seines Fasersättigungsbereiches Feuchtigkeit an seine Umgebung ab, schwindet es. Umgekehrt quillt Holz, wenn es unterhalb seines Fasersättigungsbereiches Feuchtigkeit aus der Umgebung aufnimmt.

Die Quell- und Schwindmaße von Holz sind in den drei Richtungen, in Faserrichtung und quer dazu sehr unterschiedlich und verhalten sich etwa wie 1 : 10 : 17. Wie das Holz bei unterschiedlichem Jahresringverlauf im jeweiligen Querschnitt schwindet und sich verändert, zeigt die Abb. 1.

Das maximale Schwindmaß ist für den Maler und Lackierer bedeutungslos, da er in der Praxis nichts mit diesen maximalen Holzfeuchteänderungen zu tun hat. Wichtig ist dagegen, wie sich Holzfeuchteänderungen, die durch normale Klimaschwankungen entstehen, auf das Quell- und Schwindverhalten des Holzes auswirken. Das Maß hierfür ist das differenzielle Schwindmaß. Es gibt die Längenänderung des Holzes in Prozent an, wenn sich die Holzfeuchte um 1 % ändert. Dieser Wert ist quer zur Faser deutlich höher als in Faserrichtung (Tab. 2).

Daraus folgt, dass der Messung der Holzfeuchte vor Beschichtungsmaßnahmen besondere Bedeutung zukommt.

Tab. 2: Differenzielle Schwindmaße in % je 1 % Holzfeuchteänderung für unterschiedliche Holzarten (DIN 68800-1)

Holzart	Quer zur Faser	Längs zur Faser
Fichte	0,15–0,36	0,01
Kiefer	0,15–0,36	0,01
Eiche	0,15–0,35	0,01
Buche	0,19–0,44	0,015
Holzwerkstoff	**Quer zur Platte**	**In Plattenebene**
Spanplatte P3	0,69	0,037
Mitteldichte Faserplatte (MDF)	0,84	0,021
Sperrholz	0,30	0,015

2.3.5 Messung der Holzfeuchte

Obwohl es eine Reihe von Messverfahren gibt, sind für die Praxis nur die elektrischen Messverfahren wichtig. Unter diesen ist die Messung des elektrischen Widerstands zwischen zwei Nägeln, die ins Holz eingedrückt oder eingeschlagen werde, die gebräuchlichste. Die Abb. 2 zeigt ein Holzfeuchtemessgerät.

Neben der Holzfeuchte sind auf dem Holzuntergrund Untergrundprüfungen durchzuführen. Tabelle 3 fasst die wichtigsten Untergrundprüfungen zusammen.

Tab. 3: Untergrundprüfungen Holz im Außenbereich

Prüfung auf	Methode	Erkennung	Maßnahmen
Verwitterung	Augenschein	Vergrauung	Abschleifen
Holzfeuchte	Holzfeuchtemessgerät	Feuchte >15 % (Nadelholz) oder >12 % (Laubholz)	Trocknen lassen, bis zulässige Feuchte erreicht ist
Bläuepilzbefall	Augenschein	Blaue bis schwarze Verfärbung	Schleifen, Bläueschutzgrundierung
Scharfe Kanten und Profile	Augenschein, Fühlen	Kantenrundungen < 2 mm Radius	Kanten abrunden oder abrunden lassen
Lose Äste	Augenschein, Festigkeit mit Messer überprüfen	Äste wackeln oder brechen aus	Entfernen, mit 2-K-Spachtel füllen oder dübeln (lassen)

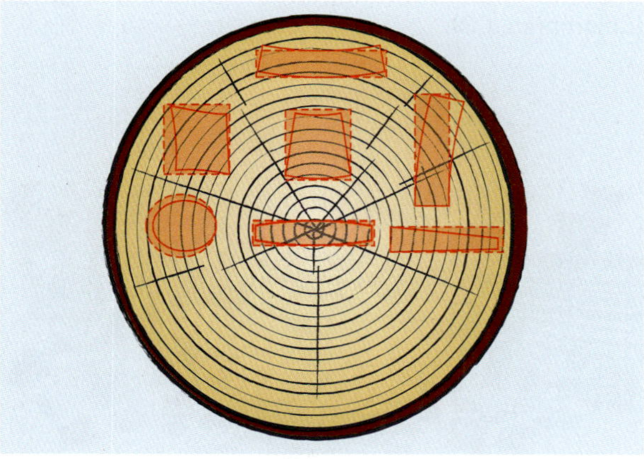

1 Schwinden des Holzes in Abhängigkeit von der Lage im Stamm

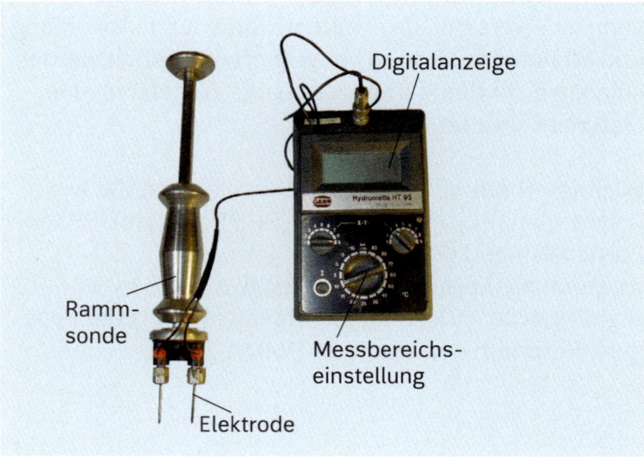

2 Holzfeuchtemessgerät

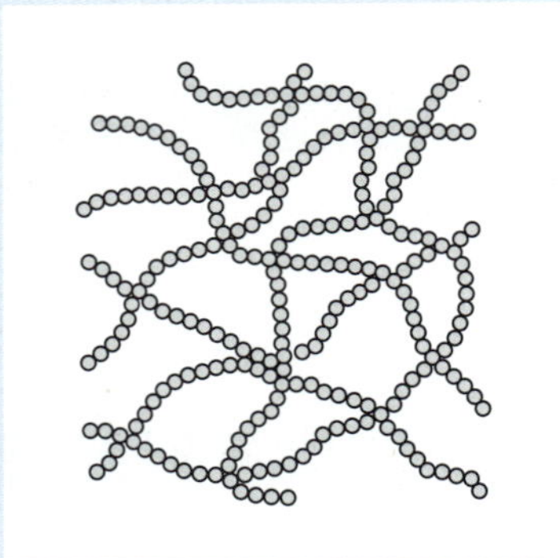

1 Thermoplaste

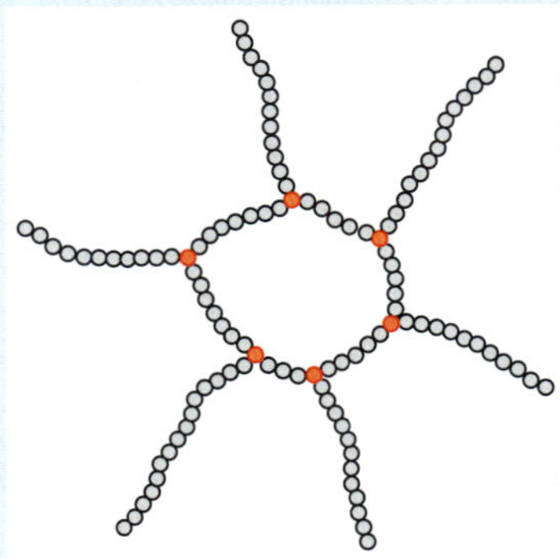

2 Elastomere

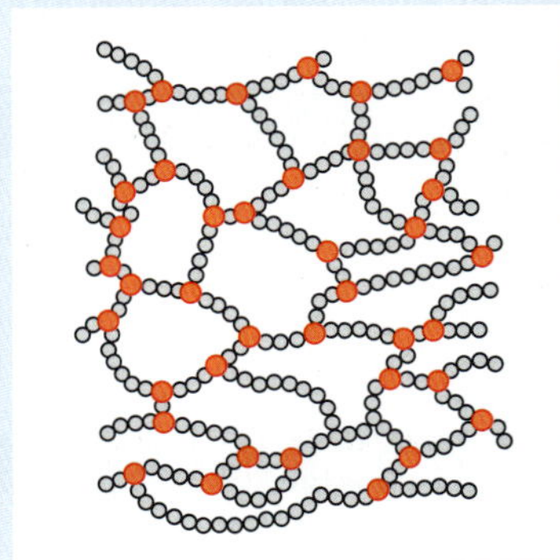

3 Duromere

2.4 Kunststoffe

Kunststoffe sind künstliche, durch chemische Synthese hergestellte organische Stoffe. Sie bestehen aus kettenförmigen Molekülen, die meistens aus Kohlenstoff, Wasserstoff und wenigen anderen Elementen aufgebaut sind. Die kettenförmigen, sehr langen Moleküle werden auch als Polymere bezeichnet. Je nachdem, ob die Polymere miteinander verknüpft sind oder nicht, unterscheidet man Untergruppen der Kunststoffe.

2.4.1 Thermoplaste, Plastomere

Kunststoffe, deren Polymerketten nicht miteinander verbunden sind, zeigt die Abb. 1. Die Ketten können sich oberhalb bestimmter Temperaturen bewegen und gegeneinander verschieben. Der Kunststoff wird dadurch formbar. Daraus erklärt sich auch der Name dieser Kunststoffe: Sie werden durch Wärme (Thermo) formbar (plastisch), sind also Thermoplaste. Der Vorgang ist reversibel, das heißt, er kann durch Abkühlung und erneutes Erwärmen beliebig oft wiederholt werden, solange nicht durch Überhitzung die Zersetzung des Materials einsetzt.

Wichtige Thermoplaste sind Massenkunststoffe wie Polyethylen (PE), Polypropylen (PP), Polystyrol (PS) oder Polyvinylchlorid (PVC).
Anwendungsbeispiele sind Verpackungsfolien (PE), Joghurtbecher (PS), Kunststofffenster (PVC) oder Plexiglas (Polymethylmethacrylat, PMMA).

2.4.2 Elastomere

Die Polymerketten der Elastomere sind in unregelmäßigen Abständen chemisch miteinander verknüpft. Dadurch entsteht eine netzartige Struktur, man spricht auch von vernetzten Polymeren. Die Verknüpfungspunkte liegen bei Elastomeren relativ weit auseinander, sodass die Ketten eine gewisse Beweglichkeit behalten. Dadurch sind die Elastomere gummielastisch (Abb. 2). Sie sind verformbar, gehen aber nach der Verformung in den Ausgangszustand zurück. Das Verformen durch Erwärmung ist jedoch nicht möglich. Bei zu starker Erwärmung zersetzen sich die Elastomere.

Wichtige Elastomere sind Naturkautschuk (NR) und Acrylnirilbutadienstyrolkunststoff (ABS).

Anwendungsbeispiele sind Stoßfänger von Autos (ABS), Kreppsohlen von Schuhen (NR) oder Taucheranzüge (Chloropren, CR).

4 Kunststoffteile am Auto

2.4.3 Duromere

Die Polymerketten der Duromere sind in wesentlich kürzeren Abständen miteinander verknüpft als die der Elastomere. Auch hier spricht man von vernetzten Polymeren. Die Verknüpfungspunkte liegen bei Duromeren so eng zusammen, dass die Ketten unbeweglich gegeneinander sind (Abb. 3). Dadurch sind Duromere sehr starr, hart und kaum verformbar. Das Verformen durch Erwärmung ist auch hier nicht möglich. Bei zu starker Erwärmung zersetzen sich die Duromere.

Wichtige Duromere sind Epoxidharze (EP) und ungesättigte Polyesterharze (UP).
Anwendungsbeispiele sind Fiberglas (Glas und UP) oder Epoxidharzkleber (EP).

2.4.4 Bauteile aus Kunststoff

Auf dem Bau werden viele Kunststoffteile eingesetzt. Die wichtigsten Bauteile aus Kunststoff, die bereits von außen zu sehen sind, sind Kunststofffenster und -türen, Regenrinnen und -fallrohre, Kunststofffassadenplatten oder Kunststoffgaragentore. Die außen sichtbaren Teile sind zwar in der Regel nicht beschichtet, können aber beschichtet werden. Bauteile wie Wasserrohre, Abdichtungsfolien, Bauschäume oder Fußbodenbeläge, die alle auch aus Kunststoffen bestehen können, spielen für den Maler und Lackierer keine große Rolle.

2.4.5 Autoteile aus Kunststoff

Im Automobilbau werden heute viele Kunststoffe eingesetzt (Abb. 4). Im Karosseriebau sorgen Kunststoffteile für eine Gewichtsverringerung des Fahrzeugs. Dadurch kann der Treibstoffverbrauch gesenkt werden. Gleichzeitig dienen speziell entwickelte Bauteile im Vergleich zu Metallen für eine verbesserte Crashsicherheit und verfügen über eine grundsätzlich höhere Lebensdauer, da sie nicht rosten können. Neben Dämmmatten, Teilen der Armaturen und Einbauteilen befinden sich auch Kunststoffteile am Fahrzeug, die lackiert werden müssen. Stoßfänger, Radzierblenden, Außenspiegelverkleidungen, Kotflügelverbreiterungen, Einstiegschweller, Tankdeckel, Front-/Heckspoiler sowie Grillleisten und – je nach Autotyp – auch ganze Karosserieteile (z. B. Motorhauben, Kofferraumdeckel) bestehen aus unterschiedlichen Kunststoffen. Im Vergleich zu den Metallteilen des Autos brauchen sie eine andere Behandlung.

2.4.6 Untergrundvorbereitung

Kunststoffe sind als Beschichtungsuntergrund oft problematisch. Wenn eine Firma Teile lackieren soll, die vom Hersteller nicht vorgrundiert sind, muss der Beschichtungsuntergrung vor allem gründlich gereinigt und entfettet werden. Leichtes Anschleifen sorgt dafür, dass die Beschichtungsstoffe haften können. In speziellen Fällen ist auch das kurze Erhitzen der Oberfläche (Tempern) notwendig. In jedem Fall müssen die bei der Herstellung verwendeten, silikon- oder wachshaltigen Trennmittel aus dem Kunststoffteil entfernt werden. Verfügt das Kunststoffteil zusätzlich noch über Poren oder kleine Löcher (Lunker), müssen diese geschlossen werden. Bei Thermoplasten geschieht das mit einem speziellen Porenwischfüller oder mit einem Kunststoffspachtel. Bei Duromeren kann herkömmlicher 2K-Spachtel benutzt werden.

Auch auf Kunststoffen sind Untergrundprüfungen durchzuführen. Tabelle 1 fasst die wichtigsten Untergrundprüfungen zusammen.

Tab. 1: Untergrundprüfungen Kunststoff

Prüfung auf	Methode	Erkennung	Maßnahmen
Verschmutzungen	Augenschein	–	Reinigen mit Wasser und Netzmittel. Lösemittel nur, wenn der Kunststoff dagegen beständig ist
Fette, Öle, Trennmittel	Benetzung mit Wasser	Wasser perlt stärker ab als bei sauberen Flächen	
	Wischen mit saugfähigem Papier	Dunkelfärbung, Rückstände im Papier	
Verwitterung	Reiben mit der Hand	Kreiden	Schleifen mit Vlies und Reinigung wie oben

2.5 Beschichtungen und Beschichtungsstoffe

Grundsätzlich können Beschichtungen unterschieden werden in z. B.:

- Imprägnierungen, die keinen durchgehenden Beschichtungsfilm bilden,
- Versiegelungen, die die Poren in der Oberfläche poröser Untergründe verschließen,
- Beschichtungen, die eine durchgehende, neue Schicht auf dem Untergrund bilden.

Beschichtungsaufbauten

Beschichtungsaufbauten (-typen) auf porösem Untergrund, z. B. Beton	
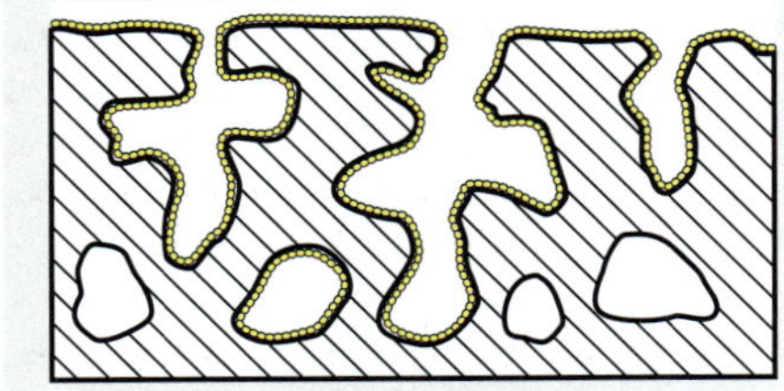	Imprägnierung z. B. aus Siloxanen zum Hydrophobieren, nicht filmbildend
	Versiegelung z. B. Epoxidharz unter Schweißbahn zur Abdichtung
	Beschichtung filmbildend z. B. aus EP, PUR oder Polyestern
	Mehrschichtiges Beschichtungssystem für Industrieböden oder Parkhäuser

Z. B.:
- Schicht 1: Grundierung aus Epoxidharz
- Schicht 2: Rissüberbrückende Schicht aus Polyurethan
- Schicht 3: Verschleiß- und rutschfeste Schicht aus Epoxidharz und Quarzsand

2.6 Wasserverdünnbare Beschichtungsstoffe

Wasserverdünnbar ist ein Beschichtungsstoff, dessen Hauptbestandteil des flüchtigen Anteils Wasser ist und dem Wasser als Verdünnungsmittel zugegeben werden kann. Wasserverdünnbare Beschichtungsstoffe können in folgende Gruppen unterteilt werden:

- Kunststoffdispersionsfarben und -lacke,
- Leimfarben,
- Kalkfarben,
- Silikatfarben.

2.6.1 Kunststoffdispersionen

Kunststoffdispersionen sind heute die am meisten verwendeten Bindemittel für Anstrichstoffe, Spachtelmassen und Kunstharzputze. Dies liegt an den sehr unterschiedlich einstellbaren Eigenschaften dieser Materialien, durch die sich unterschiedlichste Einsatzmöglichkeiten ergeben. Sie sind gesundheitlich weniger bedenklich als lösemittelhaltige Stoffe, enthalten nur geringe Anteile brennbarer Lösemittel und tragen somit zum Schutz der Menschen und der Umwelt bei. Kunststoffdispersionen sind einfach zu verarbeiten und eignen sich als Beschichtungsstoff auf einer Vielzahl von Untergründen. Außer für viele mineralische und Holzuntergründe werden sie auch zur Beschichtung von Raufasertapeten und Glasgewebe verwendet.

Dispersion

Dispersion ist die feine Verteilung eines Stoffes in einem anderen Stoff.

Sind Feststoffe in einer Flüssigkeit verteilt, so bezeichnet man dies als Suspension.
Beispiel: Erde fein in Wasser verteilt: Schlamm, eine Suspension.

Ist eine Flüssigkeit in einer nicht mischbaren anderen Flüssigkeit verteilt, so bezeichnet man dies als Emulsionen.
Beispiel: Fett fein in Wasser verteilt: Milch, eine Emulsion.

Beispiele für die Eigenschaften von Kunststoffdispersionen sind:
- vergilbungsfrei,
- verseifungsbeständig auf alkalischen Untergründen,
- gute Haftung,
- hohe Elastizität,
- witterungsbeständig,
- UV-beständig,
- guter Verlauf.

Kunststoffdispersionen sind Gemische aus thermoplastischen Kunststoffen, die oft auch Polymerisatharze genannt werden, Lösemitteln und Pigmenten. Diese flüssigen, nicht mit Wasser mischbaren Gemische werden mithilfe von Tensiden in Wasser fein verteilt (dispergiert). Hierbei handelt es sich um Emulsionen. Je nach den nach gewünschten Eigenschaften werden sie mit Zusatzstoffen (Additiven) wie Antischaummittel, Weichmacher, Konservierungsmittel, Filmbildungshilfen oder Verdickungsmittel versehen.

Emulgatoren (Tenside) und Stabilisatoren werden den Dispersionen beigefügt, um ein Entmischen der Stoffe zu vermeiden. Stabilisatoren sorgen für eine gleichmäßige Feinverteilung der Kunststoffteilchen. Emulgatoren bewirken, dass die Kunststoffteilchen in der Flüssigkeit nicht bereits zusammenfließen (koagulieren). Die Teilchengröße bewegt sich zwischen 1/100 mm für grobe Dispersionen und 1/100 000 mm für feine Dispersionen (Abb. 1).

Bei den sich in der Dispersion befindlichen Kunststoffteilchen handelt es sich oft um folgende thermoplastische Harze oder Mischungen aus diesen:

- Polyvinylacetat (PVAc),
- Polyvinylpropionat (PVP),
- Polystyrolbutadien (PSB),
- Polymethylmethacrylat (PMMA).

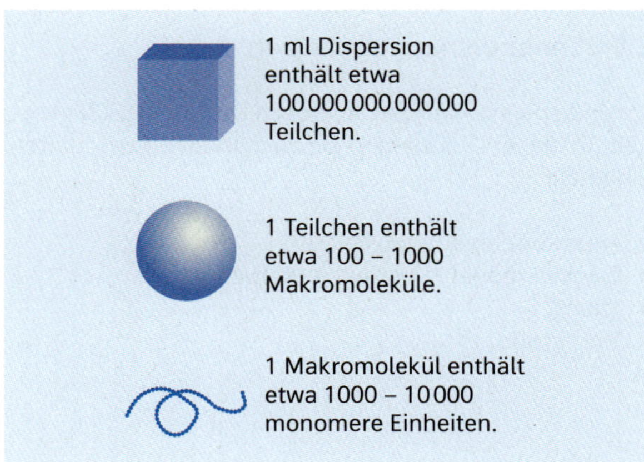

1 Dispersion

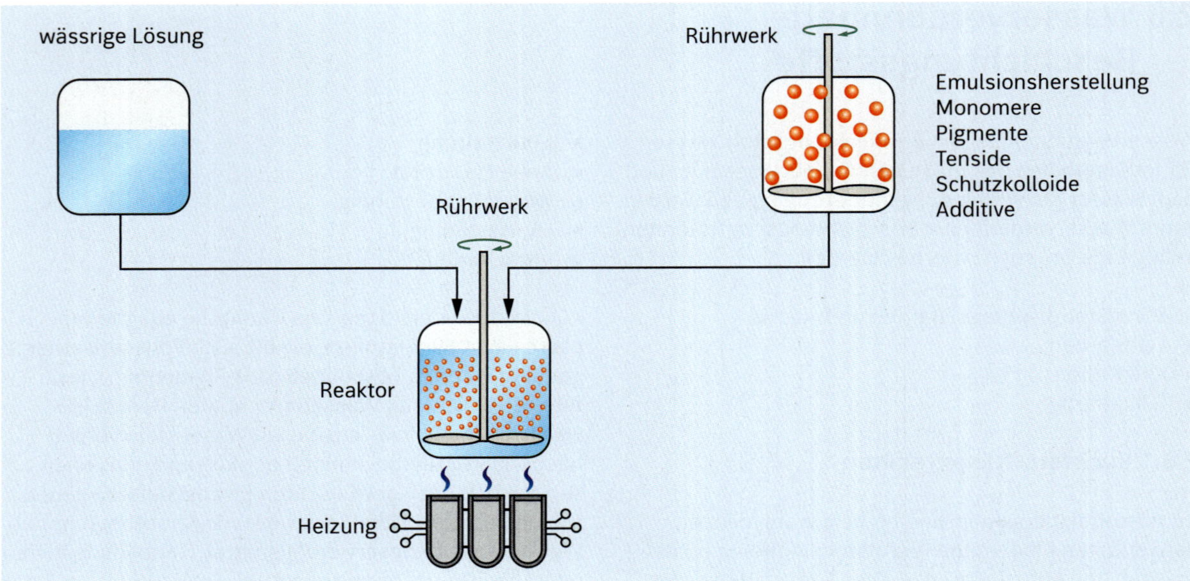

1 Emulsionsherstellung

Kunststoffdispersionen trocknen rein physikalisch. Zuerst verdunstet das Wasser. Dabei nähern sich die Kunststoffteile immer mehr, bis sie miteinander verkleben. Diesen Vorgang des Zusammenfließens und Verklebens bezeichnet man als kalten Fluss. Da dieser Verklebungsvorgang bei niedrigen Temperaturen nicht abläuft, muss die Mindestfilmbildungstemperatur (MFT), die oft bei etwa 5 °C liegt, überschritten werden. Außerdem sind die meisten Dispersionen frostempfindlich. Sie binden, nachdem sie Frost ausgesetzt waren, nicht mehr richtig ab und kreiden dann stark (abfärben). Mit der Abkürzung ELF gekennzeichnete Dispersionen sind emissionsarme, nach Herstellerangaben lösemittel- und weichmacherfreie Dispersionsfarben.

2.6.2 Innendispersionsfarben

Innendispersionsfarben sind nach DIN EN 13 300 geregelt. In dieser DIN werden sie nach ihren Eigenschaften eingeteilt:

- Nassabriebbeständigkeit,
- Deckvermögen/Kontrastverhältnis,
- Glanz,
- Korngröße.

Nassabriebbeständigkeit ist die Beständigkeit der Beschichtung gegen wiederholtes nasses Reinigen. Durchgeführt wird die Prüfung mit einem Schleifvlies. Gemessen wird der Schichtdickenverlust bei einer bestimmten Anzahl von Schleifvorgängen (Tab. 2).
Das Deckvermögen bezeichnet die Fähigkeit des Anstriches, Kontraste des Untergrundes zu überdecken. Zur Bestimmung des Deckvermögens wird eine definierte Schichtstärke auf einen Kontrastkarton aufgetragen. Mit einem Messgerät wird der Verlust am Schwarz-Weiß-Kontrast in Prozent ermittelt.

Tab. 1: Kontrastverhältnisse

Klasse	Wert	Bezeichnung
1	≥ 99,5 %	hoch deckend
2	≥ 98 % bis < 99,5 %	gut deckend
3	≥ 95 % bis < 98 %	
4	< 95 %	

Der Glanz wird mithilfe eines Glanzgradmessgerätes (Reflektometer) ermittelt. Der Glanz wird in die vier Glanzgrade glänzend, mittlerer Glanz, matt und stumpfmatt unterteilt.

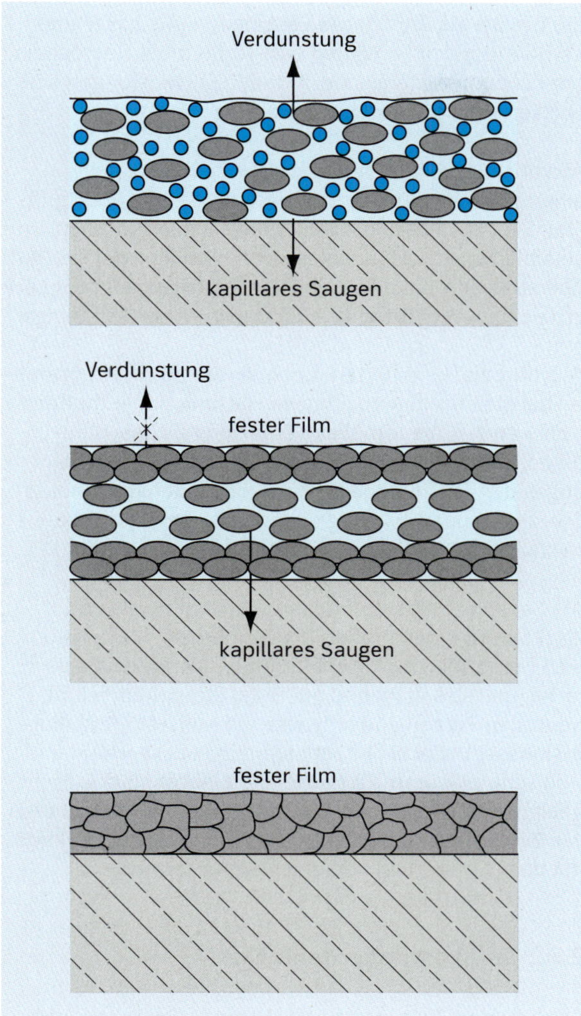

2 Filmbildung einer Dispersion

Tab. 2: Nassabriebtabelle

DIN EN 13 300		
Klasse Nassabrieb Hübe	Klasse Nassabrieb Hübe	Klasse Nassabrieb Hübe
1	< 5 µm	200
2	≥ 5 µm bis 20 µm	200
3	≥ 20 µm bis 70 µm	200
4	< 70 µm	40
5	≥ 70 µm	40

2.6.3 Latexfarben

Echte, klassische Latexfarben sind Anstriche, welche als Bindemittel natürliches Latex (den Saft des Gummibaumes) enthalten. Diese Produkte sind allerdings sehr teuer. Ein weiteres Problem ist die Überstreichbarkeit solcher Anstriche. Da sie nicht abgewaschen werden können, muss man sie mechanisch entfernen. Echte Latexfarben spielen in der heutigen Zeit kaum noch eine Rolle. Latex ist ein Fachbegriff für Dispersionen, die nicht, wie die Dispersionsfarben, Thermoplaste enthalten, sondern leicht vernetzte Kunststoffe als Bindemittel, wie Dispersionen auf Styrol-Butadien-Basis mit einem hohen Bindemittelgehalt. Sie sind gummiartig elastisch, sehr beständig gegen chemische Einwirkungen und nehmen wegen ihrer glatten Oberfläche wenig Schmutz an. Sie sind weniger wasserdampfdurchlässig als Dispersionsfarben und wetterbeständig. Latexbeschichtungen lassen sich mit Wasser und üblichen Reinigungsmitteln sehr gut reinigen. Latexfarben sind meist nicht nur für den Innenbereich, sondern auch für den Außenbereich geeignet. Latexfarben kommen in allen Glanzgraden in den Handel.

2.7 Lacke und Öle

Lack ist nach DIN 55 945 ein Überbegriff für flüssige oder pulverförmige Beschichtungsstoffe auf Basis organischer Bindemittel. Lack wird nach DIN 55 945 dünn auf Objekte aufgetragen und ergibt durch chemische oder physikalische Vorgänge einen durchgehenden Film. Lacke können nach unterschiedlichen Gesichtspunkten unterschieden werden:

- nach dem Bindemittel (z. B. Acryllack),
- nach dem Lösemittel (z. B. Spirituslack),
- nach dem Gehalt an flüchtigen Stoffen (z. B. High-Solid-Lack),
- nach dem Auftragsverfahren (z. B. Tauchlack),
- nach der Art der Filmbildung (z. B. Zweikomponenten-Lack),
- nach dem Glanzgrad (z. B. Seidenglanzlack),
- nach dem Oberflächeneffekt (z. B. Hammerschlaglack),
- nach dem Beschichtungsaufbau (z. B. Vorlack),
- nach dem Anwendungsbereich (z. B. Heizkörperlack).

Pigmentierte Lacke werden im Handwerk als Lackfarbe bezeichnet, unpigmentierte Lacke bezeichnet man als Klarlack.

Öle oder Ölfarben sind Beschichtungsstoffe auf der Grundlage von aushärtenden Ölen wie z. B. Leinöl. Leinöl wird aus Flachssamen gewonnen, die sowohl heiß als auch kalt gepresst werden können. Leinöl erhärtet durch Polymerisation, die durch den Luftsauerstoff angeregt wird (oxidative Erhärtung).

Die oxidative Erhärtung von reinem Leinöl dauert sehr lange. Um diesen Prozess zu beschleunigen, werden dem Leinöl bei höheren Temperaturen Trockenstoffe (Sikkative) zugesetzt. Das entstandene Produkt wird als Leinölfirnis bezeichnet. Standöl ist ein durch Hitze eingedicktes Leinöl, das dadurch seine Widerstandsfähigkeit und seinen Glanz verbessert. Andere Öle werden als Rohstoffe für Alkydharze in der Lackindustrie verwendet und haben daher als reine Öle für den Maler und Lackierer eine untergeordnete Bedeutung.

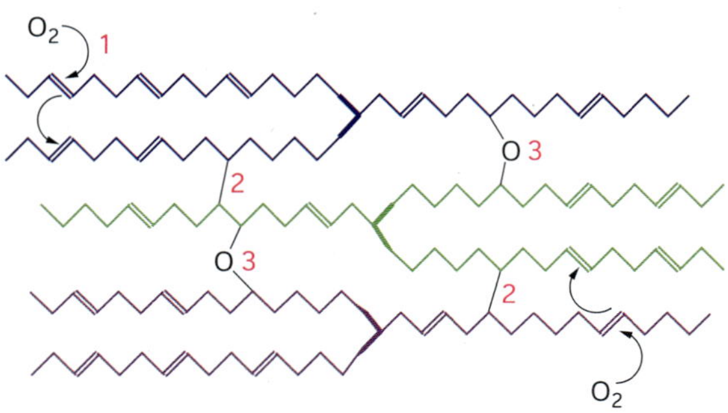

1 Die oxidative Vernetzung wird durch Sauerstoff ausgelöst (1). Die Doppelbindungen der Ölmoleküle vernetzen dann die Moleküle, teils ohne (2) und teils mit Einbau von Sauerstoff (3).

2.7.1 Alkydharzlack

Der Begriff Alkyd wurde 1927 eingeführt und setzt sich aus den Worten Alkohol und Acid (Säure) zusammen. Bei der Herstellung des Alkydharzlacks werden pflanzliche und tierische Öle mit Alkoholen und Säuren umgesetzt. Als Alkohol dient meist Glyzerin, als Säuren werden Fettsäuren und Phthalsäure eingesetzt. Je nach der Menge des eingesetzten Öls entstehen Lacke mit unterschiedlichen Eigenschaften. Sie werden je nach Ölgehalt in folgende Arten eingeteilt:

- kurzölige: Ölgehalt unter 40 %,
- mittelölige: Ölgehalt 40–60 %,
- langölige: Ölgehalt über 60 %.

Als Malerlacke werden meist mittel- und langölige Lacke verwendet. Die kurzöligen Typen lassen sich am besten als Spritzlacke verarbeiten. Als Löse- und Verdünnungsmittel eignen sich Terpentinöl, Testbenzin oder Lösemittelgemische. Aktuelle Entwicklungen sind wasserverdünnbare Alkydharzlacke.

Alkydharzlacke lassen sich leicht verarbeiten, geben einen guten Verlauf und sind nach ca. 5–6 Stunden grifffest. Sie bilden nach der Erhärtung einen elastischen, irreversiblen (nicht wieder anlösbaren) Lackfilm, der sich gut überstreichen lässt. Bei höheren Ölanteilen neigt der Lack zu leichtem Vergilben, ist jedoch auch wetterbeständiger.

Alkydharzlacke erhärten durch Verdunsten der Lösemittel bei gleichzeitiger oxidativer Härtung der enthaltenen trocknenden Öle. Um diese Erhärtung zu beschleunigen, werden dem Lack Sikkative (= Trockenstoffe) zugesetzt. Ein zu hoher Zusatz von Sikkativen führt zu Störungen der Erhärtung und zu einer optisch unzureichenden Oberfläche.

Als Beschichtungsstoff haben Alkydharzlacke und -lackfarben einen großen Einsatzbereich. Sie lassen sich verwenden als: Grundierungen, Vorlacke, Decklacke (matt bis glänzend auf Holz, Stahl, Aluminium, neutralen Putzen und teilweise auf Kunststoffen), Korrosionsschutzlacke, hitzebeständige Lacke, Holz- und Holzschutzlasuren, Flutlacke und Einbrennlacke. Nicht geeignet sind Alkydharze auf alkalischen Untergründen wie Zementputz oder Beton, da sie dort durch Reaktion mit dem Untergrund zersetzt werden können.

2.7.2 Zweikomponentenlacke

Sind vor dem Verarbeiten des Lackes zwei Komponenten zu mischen, handelt es sich um einen Zweikomponentenlack (2K-Lack). Die Komponenten werden meist Harz und Härter genannt. Die Erhärtung des Lackes erfolgt durch eine chemische Reaktion dieser Komponenten. Erfolgt die Erhärtungsreaktion bereits bei Umgebungstemperatur, so werden die Komponenten erst unmittelbar vor der Anwendung im angegebenen Verhältnis (z. B. 2 : 1) zusammengeführt und gemischt. Die exakte Mischung kann mithilfe eines Messstabes (Abb. 2) erfolgen.

Bei thermohärtenden Lacken setzt die Aushärtung erst bei höheren Temperaturen ein. Die Erhärtung aller Zweikomponentenlacke kann durch Erhöhung der Temperatur beschleunigt werden. Zweikomponentenlacke zeichnen sich durch hohe mechanische und chemische Widerstandsfähigkeit aus.

2.7.3 Dispersionslacke

Dispersionslacke – umgangssprachlich oft Wasserlacke genannt – sind wasserverdünnbare Lacke, ursprünglich nur mit Acrylharzen als Bindemittel; sie werden daher auch Acryllacke genannt. Aktuell werden wasserverdünnbare Lacke auch mit anderen Bindemitteln (z. B. Vinylestern oder Alkydharz) hergestellt. Heute unterscheiden sich die wasserverdünnbaren Lacke kaum noch in Glanz, Fülle und Verlauf von den lösemittelhaltigen Lacken. Die Eigenschaften sind allerdings sehr stark von den Umgebungsbedingungen abhängig. Bei ca. 65 % relativer Luftfeuchtigkeit und 20 °C Umgebungs- und Objekttemperatur ist der Trocknungsverlauf optimal. Ist die Luftfeuchtigkeit zu hoch, verdunstet das Wasser nur langsam und es dauert Stunden, bis der Lack grifffest ist. Ist es zu warm und die Luftfeuchtigkeit niedrig, erhärtet der Lack so schnell, dass er keine glatte Oberfläche bilden kann.

Dispersionslacke besitzen gegenüber den lösemittelhaltigen Lacken mehrere Vorteile wie z. B.: einfache

- Werkzeugreinigung mit Wasser,
- wenig schädliche Luftemissionen,
- Verringerung der Brand- und Explosionsgefahr,
- Verringerung gesundheitlicher Gefahren.

Für die Verarbeitung von wasserverdünnbaren Lacken sollten Pinsel mit Kunststoffborsten verwendet werden. Dadurch wird ein besserer Verlauf gewährleistet. Diese Lacke können verwendet werden als Innen- und Außenbeschichtungen von Kalkstein, auf mineralischen Untergründen aller Putzgruppen, verzinktem Stahl, Holz und Wandbekleidungen verschiedener Art. Sie trocknen rein physikalisch durch den „kalten Fluss" wie Kunststoffdispersionen.

2.8 Spachtelmassen

Unter den Begriff Spachtelmassen fallen sehr viele Materialien mit unterschiedlichsten Anwendungsgebieten, beginnend mit der Vorbereitung von Anstricharbeiten über Holz- und Kfz-Spachtel bis hin zu Trockenbaumaterialien. Nach DIN EN 16566 ist eine Spachtelmasse ein Beschichtungsstoff mit hohem Füllstoffgehalt, der zum Ausgleichen von Unebenheiten in Untergründen sowohl im Innen- als auch im Außenbereich geeignet ist. Eine Spachtelmasse dient der Verbesserung des Oberflächenaussehens dieser Untergründe, um sie für eine Beschichtung oder einen geklebten Belag vorzubereiten.

Spachtelmassen sind fabrikfertig hergestellte Produkte zur allgemeinen Anwendung ohne weitere Zugaben auf der Baustelle mit Ausnahme von Wasser. Spachtelmassen werden entweder in Pulverform oder als gebrauchsfertige wasserdispergierte oder lösemittelverdünnte Paste oder in Form mehrerer Komponenten (Pulver, Flüssigkeit, Paste), die vor Verwendung in bestimmten Mischungsverhältnissen gemischt werden, geliefert.

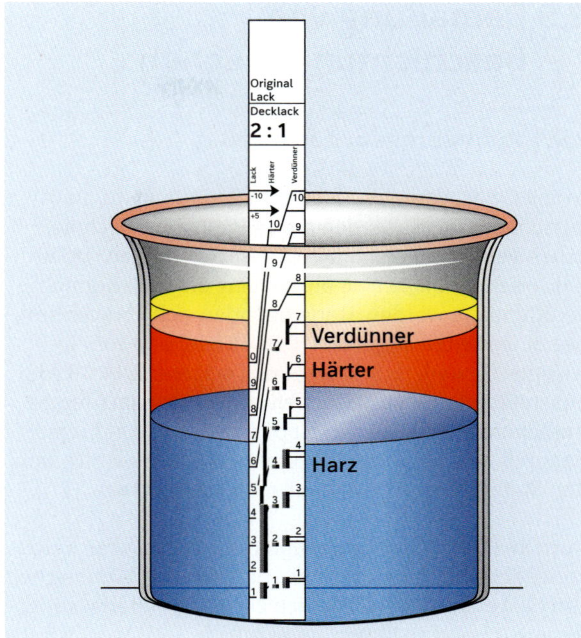

2 Mischen eines 2K-Lackes

Spachtelmassen können unterschieden werden nach

- dem Bindemittel (z. B. Polyesterspachtel, Gipsspachtel, Dispersionsspachtel, Ölspachtel),
- dem Anwendungszweck (z. B. Wandspachtel, Fassadenspachtel, Karosseriespachtel) oder
- dem Verarbeitungsverfahren (z. B. Ziehspachtel, Spritzspachtel, Streichspachtel).

Bindemittel für Spachtelmassen sind z. B. Alkydharze, Polyesterharze, Kunststoffdispersionen, trocknende Öle, Gips oder Zement. Spachtelmassen können neben dem hohen Füllstoffgehalt auch Pigmente enthalten. Die Art der Verwendung des Spachtels und dessen Schichtdicke richtet sich nach den Herstellerempfehlungen und hängt vom Auftragsverfahren, dem gewünschten Aussehen, dem Untergrund und von der Zusammensetzung des Produktes ab. Diese Faktoren beeinflussen eine Vielzahl von Eigenschaften wie Schwindverhalten, Schleifbarkeit, Trocknungsgeschwindigkeit und Aussehen der Oberfläche.

Spachtelmassen müssen, um ihre Funktion zu erfüllen, gut haften und Unebenheiten ohne Schrumpfen und die Bildung von Rissen ausgleichen.

2.9 Bemaßung von Beschichtungsflächen

2.9.1 Aufmaßregeln nach VOB

In Teil C der „Vergabe- und Vertragsordnung für Bauleistungen“ (VOB) werden die „Allgemeinen Technischen Vertragsbedingungen für Bauleistungen“ (ATV) beschrieben. Diese sind gleichzeitig als DIN-Normen veröffentlicht worden. Darin befinden sich Vorschriften, wie Bauarbeiten allgemein (DIN 18299) und vom jeweiligen Gewerk (z. B. Maler und Lackierer, DIN 18363) auszuführen und abzurechnen sind. Besonders für die Abrechnung von Arbeiten ist das Erstellen von Aufmaßen (z. B. von Innenräumen und Fassaden) wichtig, um den Material- und Arbeitsaufwand zu ermitteln.

Auch im Bereich der Fahrzeuglackierung müssen Karosserieflächen aufgemessen werden, um beim Anmischen von Lacken weder zu viel noch zu wenig Material spritzfertig zur Hand zu haben.

Tab. 1: Aufmaßregeln nach VOB, Teil C (Auswahl)

liegende Flächen (z. B. Tischplatten)	(größere) Länge mal (kleinere) Breite
stehende Flächen (z. B. Fenster, Wandflächen)	Grundlinie mal Höhe
Räume	Maße der Straßen- oder Fensterseite zuerst nennen
mehrere gleiche zu beschichtende Teile	Stückzahl vorne, Angabe der Beschichtungsseiten hinten (z. B. 6 Türen beidseitig: 6 × 0,98 × 2,00 × 2)
mehrstöckige Gebäude/ Gebäudekomplexe	Raum für Raum, Stockwerk für Stockwerk, Gebäude für Gebäude aufnehmen
Öffnungen, Aussparungen, Nischen	werden bis 2,5 m² Einzelgröße übermessen (d. h. ignoriert), ab 2,5 m² werden sie von der Fläche abgezogen.

2.9.2 Bemaßung von Zeichnungen und Plänen

Für eine korrekte Kalkulation ist eine genaue Angabe von Maßen wichtig.

Die erforderlichen Maße, die zu einer Berechnung nötig sind, müssen enthalten und klar zu erkennen sein.

Die Übersicht und das Gesamtbild sollten durch eine Bemaßung nicht beeinflusst werden.

Eine Bemaßung besteht aus:

- Maßlinien,
- Maßhilfslinien,
- Maßlinienbegrenzungen und
- Maßzahlen.

Für diesen Zweck werden folgende Regeln angewandt:

- Maßlinien immer parallel zur Körperkante, ca. 1 cm von der Körperkante entfernt.
- Maßzahlen in der Regel Dezimalzahlen in m, Werte unter 1 m in cm. Im Metallbereich in mm.
- Maßzahlen stehen meist auf der Maßlinie, bei Platzmangel können die Maßlinien unterbrochen werden.
- Maßlinien sollen sich möglichst nicht überschneiden:
  - › die kleineren Maße stehen näher beim Objekt,
  - › in der Regel wird außerhalb des Körpers bemaßt.
- Drehsinn beachten: 90° im Uhrzeigersinn, damit die Maßzahlen immer auf der Linie stehen.
- Maßlinienbegrenzungen können unterschiedlich dargestellt werden:

Begrenzung durch 45°-Striche, Anwendung vorzugsweise im Baubereich

Begrenzung durch Pfeile, Anwendung vorzugsweise im Metall- und Karosseriebau

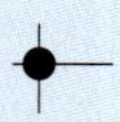
Begrenzung durch Punkte

- Bei Platzmangel können die Maßzahlen auch neben die Maßhilfslinien geschrieben werden.
- Bei Maßen von Öffnungen (Fenster und Türen) steht das Breitenmaß oben und das Höhenmaß unten.

$$\frac{1{,}24}{1{,}85}$$

- Halbe cm werden hochgestellt: $1{,}24^5$

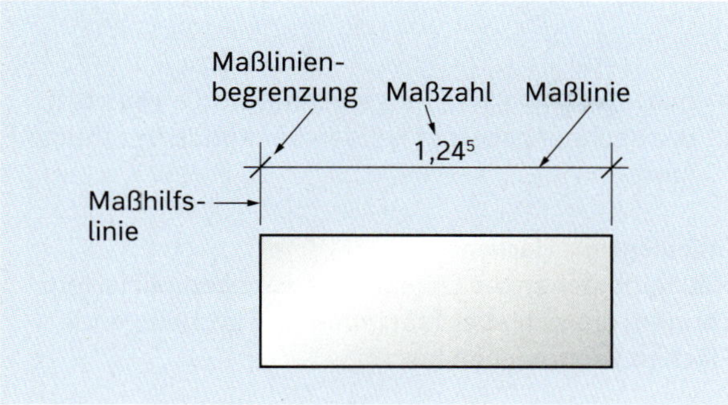

1 Bestandteile einer Bemaßung

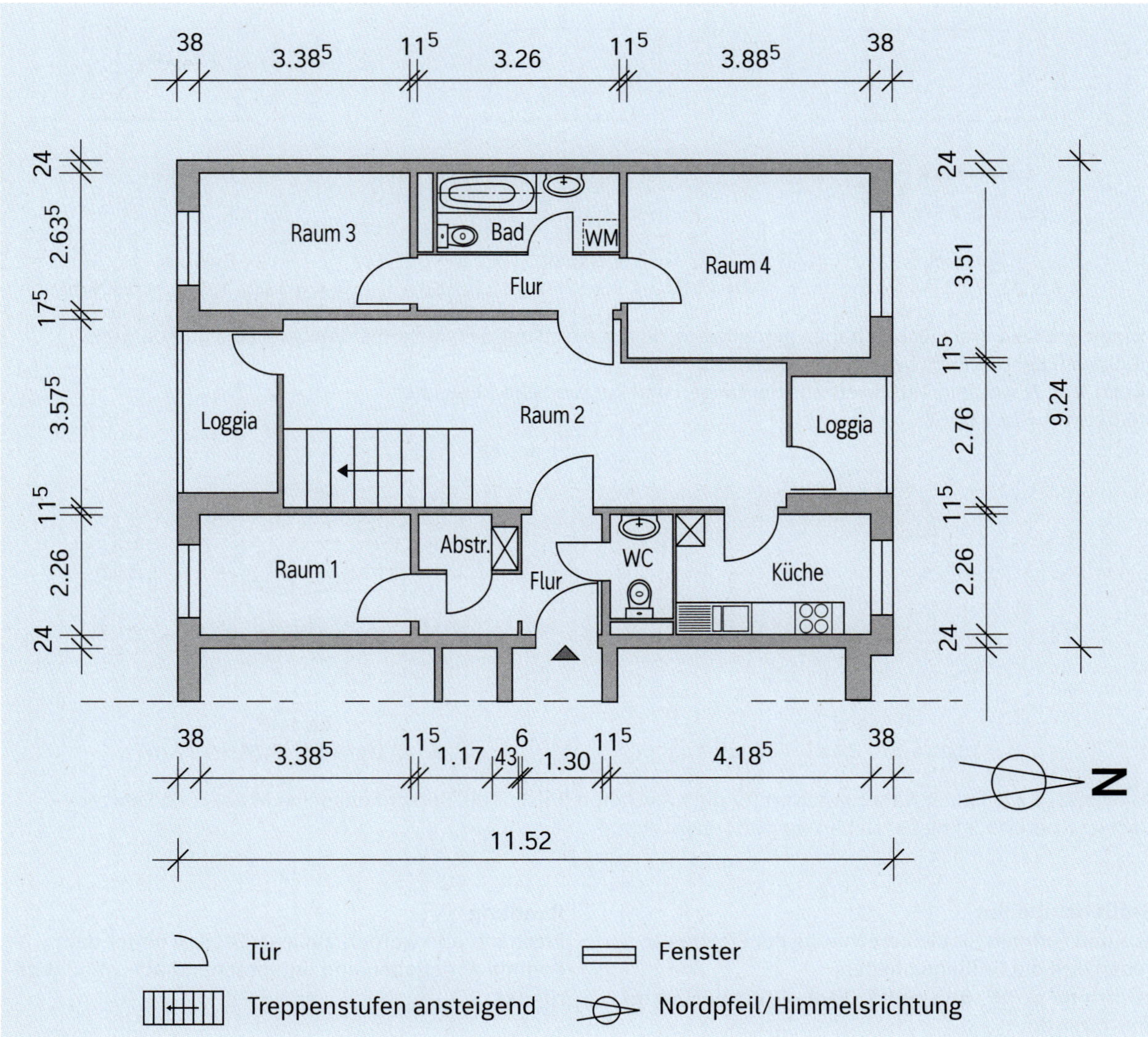

2 Bemaßung eines Grundrisses

2.9.3 Berechnungen an Flächen

a) Berechnung der Fläche

Im Beruf des Malers und des Fahrzeuglackierers ist es notwendig, die Größe der bearbeiteten Fläche zu kennen. Von der Größe der Fläche hängt ab,

- wie lange man für die Arbeit braucht,
- wie viel Material benötigt wird,
- und – wenn nach m^2 abgerechnet wird – wie hoch der Rechnungsbetrag ist, den der Kunde bezahlen muss.

Grundlegende Flächen

Häufig bestehen die Objekte aus sehr komplizierten Formen, die sich aber fast immer auf grundlegende Flächen vereinfachen lassen:

Flächenberechnung

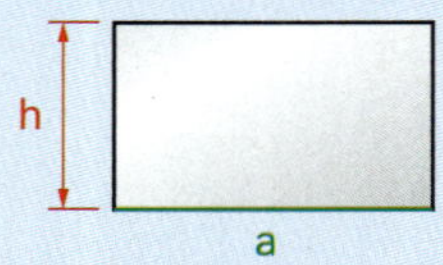 **Rechteck**	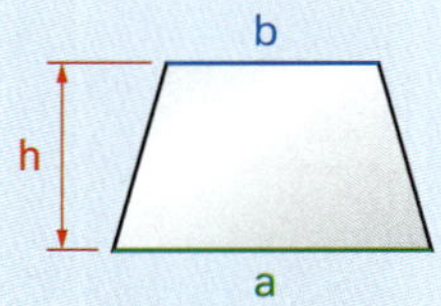 **Trapez**	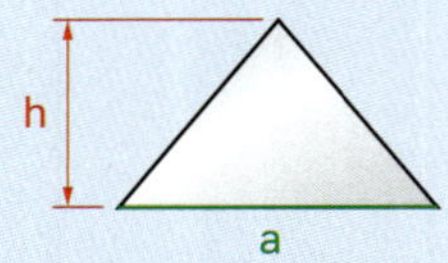 **Dreieck**
Formel: $A = a \cdot h$	Formel: $A = (a + b) : 2 \cdot h$	Formel: $A = a \cdot h : 2$
Beispiel: $A = 3{,}00 \cdot 1{,}43 = 4{,}29\ m^2$	Beispiel: $A = (3{,}00 + 1{,}50) : 2 \cdot 1{,}43 = 3{,}22\ m^2$	Beispiel: $A = 3{,}00 \cdot 1{,}43 : 2 = 2{,}15\ m^2$

Hinweis: Diese drei Flächen haben gemeinsam, dass sie sich mit der waagerechten Strecke a und der dazu rechtwinkligen Höhe h berechnen lassen.
Beim Trapez wird ein Mittelwert aus der langen und kurzen Seite berechnet.
Mittelwert = **(a + b) : 2**

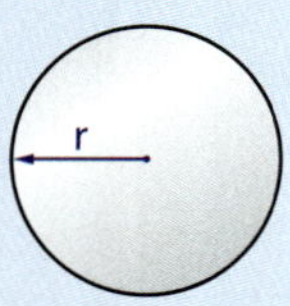 **Kreis**	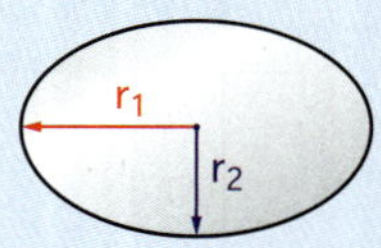 **Ellipse**
Formel: $A = r \cdot r \cdot \mathbf{3{,}14}$	Formel: $A = r_1 \cdot r_2 \cdot \mathbf{3{,}14}$
Beispiel: $A = 1{,}51 \cdot 1{,}51 \cdot \mathbf{3{,}14} = 7{,}16\ m^2$	Beispiel: $A = 2{,}05 \cdot 1{,}51 \cdot \mathbf{3{,}14} = 9{,}72\ m^2$

Hinweis: „3,14“ ist der Näherungswert für die Kreiszahl π (Pi). Für die Berechnungen im Maler- und Fahrzeuglackiererbereich ist dieser Näherungswert ausreichend.

Größeneinheiten

Aus den Formeln für die Berechnung der Flächen ergeben sich die Größeneinheiten:

$m \cdot m = m^2$ **Beispiel:** 2,00 **m** · 1,50 **m** = 3,00 **m^2**

$dm \cdot dm = dm^2$

$cm \cdot cm = cm^2$

Im Maler- und Fahrzeuglackiererbereich werden Flächen fast ausschließlich in m^2 angegeben.

Rundung

Flächenmaße werden auf zwei Stellen hinter dem Komma angegeben und entsprechend auf- oder abgerundet.

Beispiele: **2,00 m^2** (**nicht** 2 m^2)
1,945 m^2 = **1,95 m^2**

b) Berechnung des Umfangs
Die Umfangsberechnung von Flächen wird benötigt für

- das Verlegen von Leisten,
- das Kleben von Bordüren,
- das Anbringen von Zierlinien am Fahrzeug,
- das Abdecken von Flächen.

Umfangsberechnung

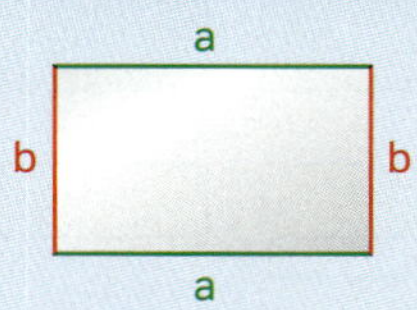

Rechteck

Formel: $U = a + b + a + b$
oder einfacher
$U = 2 \cdot a + 2 \cdot b$
oder noch einfacher
$U = 2 \cdot (a + b)$

Beispiel:
$U = 2 \cdot (3{,}00 + 1{,}43) = 8{,}86$ m

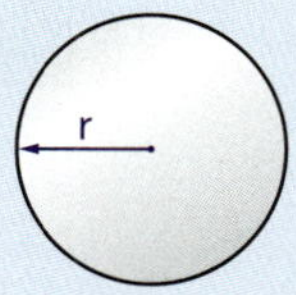

Kreis

Formel: $U = 2 \cdot r \cdot 3{,}14$

Anmerkung:
$2 \cdot r =$ **d** (Durchmesser des Kreises)

Beispiel:
$U = 2 \cdot 1{,}51 \cdot 3{,}14 = 9{,}48$ m

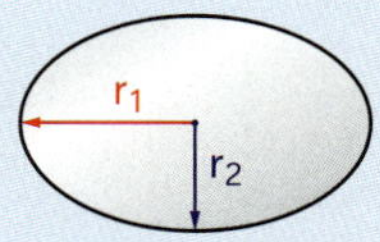

Ellipse

Formel:
$U = (2 \cdot r_1 + 2 \cdot r_2) : 2 \cdot 3{,}14$

Beispiel:
$U = (2 \cdot 1{,}51 + 2 \cdot 2{,}05) : 2 \cdot 3{,}14$
$= 11{,}18$ m

Unregelmäßige Formen
Bei unregelmäßigen Formen wird der Umfang durch das Abmessen der äußersten Begrenzung einer Fläche ermittelt.

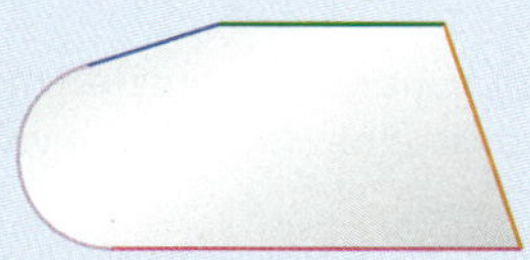

Formel für diese Fläche:
$U = a + b + c + d + 2 \cdot r \cdot 3{,}14 : 2$

Beispiel:
$U = 1{,}67 + 2{,}88 + 2{,}95 + 5{,}16 + 1{,}95 \cdot 3{,}14 : 2 = 15{,}72$ m

Größeneinheiten
Der Umfang einer Fläche ist ein Längenmaß, deshalb wird er in einer Längeneinheit angegeben.

1 **m** = 100 **cm** = 1 000 **mm**

Aufgaben zu Lernfeld 2

1. Erstellen Sie eine Übersicht (z.B. als Mindmap oder Organigramm) zu nichtmetallischen Untergründen. Unterteilen Sie diese in organisch und anorganisch sowie porös und nicht porös.

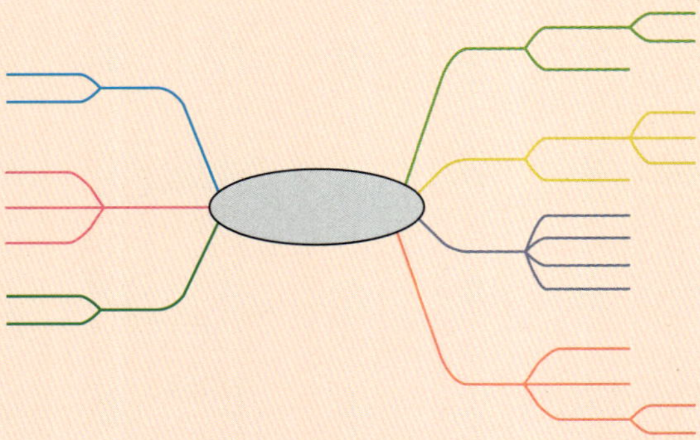

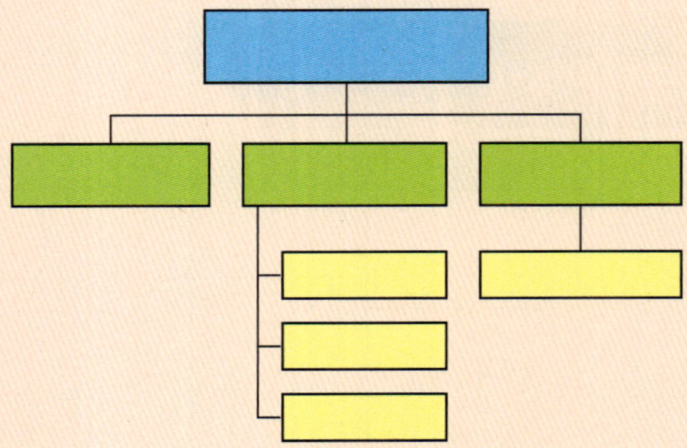

2. Erklären Sie unter der Verwendung von Fachbegriffen, wie Wasser in ein Bauteil gelangen kann.

3. Weshalb müssen poröse Untergründe anders vorbehandelt werden als nicht poröse?

4. Welche physikalischen Umgebungsbedingungen müssen Sie vor Beginn von Beschichtungsarbeiten berücksichtigen?

5. Warum müssen an bestimmten Untergründen Feuchtemessungen durchgeführt werden?

6. Sie haben den Auftrag erhalten, bei einem Kunden Holzfenster zu beschichten. Bei den Untergrundprüfungen stellen Sie schwarze Verfärbungen sowie eine Holzfeuchte von 20 M.-% fest. Wie verhalten Sie sich?

7. Beschreiben Sie das Quellen und Schwinden bei Holzuntergründen.

8. Erklären Sie den Begriff „nisotrop“ am Beispiel des Materials Holz.

9. Aus welchen Bestandteilen besteht der Baustoff Beton?

10. Beschreiben Sie die Wirkung einer Hydrophobierung einer Betonoberfläche.

11. In welche drei Untergruppen lassen sich Kunststoffe grob einteilen und wie unterscheiden sie sich?

12. Geben Sie für jede Kunststoffgruppe mindestens zwei Anwendungsbeispiele an.

13. Nennen Sie drei Bauteile aus Kunststoff, die vom Maler und Lackierer beschichtet werden können.

14. In Kraftfahrzeugen werden viele Teile aus Kunststoff verbaut. Welche Vorteile bietet Kunststoff gegenüber Alternativen wie Holz oder Metall?

15. Die Außenwand eines Gebäudes soll im Winter bei einer Temperatur von 0 °C mit einer herkömmlichen Kunststoffdispersionsfarbe beschichtet werden. Erklären Sie dem Kunden, warum diese Ausführung nicht ratsam ist.

16. Nennen Sie die Vorteile von wasserverdünnbaren Lacken gegenüber lösemittelhaltigen Lacken.

17. Erklären Sie die Trocknungsvorgänge von wasserverdünnbaren Lacken und lösemittelhaltigen Lacken.

18. Erklären Sie den Begriff „Kalter Fluss".

19. Häufig verwendet man den Begriff „Latexfarbe" ohne damit einen Beschichtungsstoff mit dem Bindemittel Latex zu meinen. Welche Beschichtungsstoffe bezeichnet man umgangssprachlich mit diesem Begriff?

20. Nennen Sie vier Glanzgrade nach DIN EN 13300.

21. Nennen Sie mindestens vier Bindemittel für Spachtelmassen.

22. Beschreiben Sie gewünschte Eigenschaften von Spachtelmassen.

23. Nennen Sie mindestens einen Untergrund, der nicht für die Beschichtung mit Alkydharzlacken geeignet ist.

3 Metallische Untergründe bearbeiten und beschichten

KUNDENAUFTRAG
Beschichtung von Werbeschildern

Arbeitsauftrag

Für eine Werbeagentur sollen Schilder in Form einer Fahrzeugsilhouette beschichtet werden.

Es handelt sich um zum Teil vorbehandelte Stahlbleche. Die Fahrzeugsilhouetten können für Werbekunden individuell gestaltet werden.

Für Ausstellungszwecke ist ein Werbeschild als Muster mit dem vorgegebenen Logo zu gestalten.

Für die Befestigung der Werbeschilder sind Omegabügel mit einer Grund- und Deckbeschichtung zu versehen.

Auszuführende Arbeiten

1. Die metallischen Untergründe sollen geprüft und für eine Beschichtung vorbereitet werden.
2. Die Grundbeschichtung ist mit einem lösemittelhaltigen Zweikomponenten-Grundierfüller aufzubringen.
3. Ein Schild ist mit einer Zweikomponenten-Decklackierung zu versehen und zu Werbezwecken mit dem vorgegebenen Logo zu versehen.
4. Die Befestigungswinkel sind zu grundieren und mit einer Deckbeschichtung zu versehen.
5. Die zu bearbeitenden Flächen sollen für die Kalkulation berechnet und der Materialbedarf ermittelt werden.

Die Beschichtung soll im Spritzverfahren durchgeführt werden.

Objektbeschreibung

Es handelt sich um 15 Schilder aus 1,6 mm dickem Stahlblech.

- Fünf Schilder sind feuerverzinkt.
- Drei Schilder besitzen eine vom Hersteller aufgebrachte Grundierung.
- Sieben Schilder sind unbehandelt.

Die unbehandelten Schilder weisen Verschmutzungen durch Öle und Fette auf.
Auf der Oberfläche befinden sich partielle Roststellen.

Die 30 Befestigungswinkel sind aus 1,8 mm dickem feuerverzinkten Stahl.

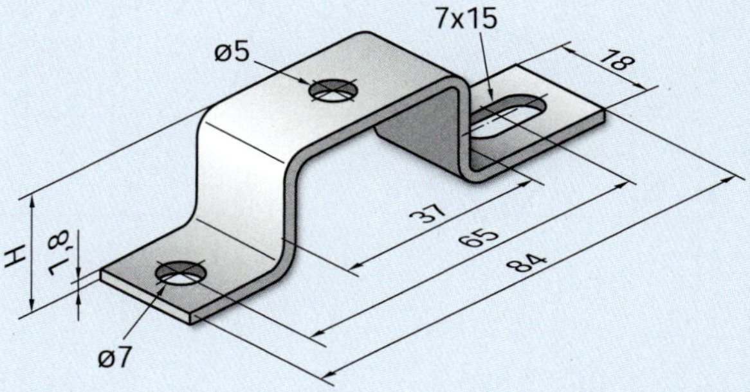

Omegabügel (Maße in mm)

Leistungsbeschreibung

Verzinkte Schilder
Die verzinkten Flächen sind fachgerecht vorzubereiten und mit einer Grundbeschichtung zu versehen.
Der Füllerauftrag ist auszuführen.

Grundbeschichtete Schilder
Die Haftung der Altbeschichtung ist zu prüfen. Gegebenenfalls ist die Beschichtung zu entfernen.
Bei schadhaften Schildern sind Korrosionsschutz und Grundbeschichtungen auszuführen.

Unbehandelte Schilder
Die Oberflächen sind zu entfetten und zu reinigen, vorhandener Rost ist durch entsprechende Verfahren zu entfernen.
Korrosionsschutz und Grundbeschichtungen sind auszuführen.

Auf ein Schild ist eine Decklackierung aufzubringen.

Omegabügel
Die feuerverzinkten Befestigungswinkel sind fachgerecht vorzubereiten und mit einer Grundbeschichtung zu versehen.
Eine Deckbeschichtung ist auszuführen.

Musterlogo

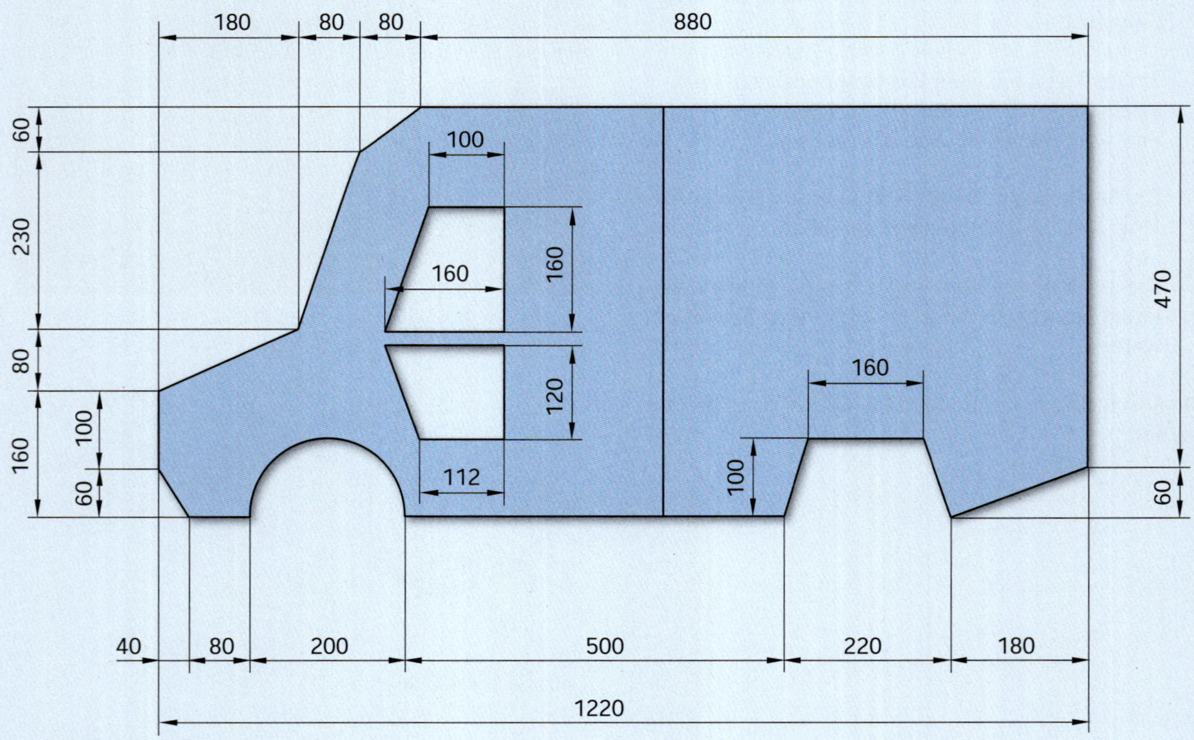

Fahrzeugsilhouette

3.1 Einteilung der metallischen Untergründe

Maler und Lackierer bearbeiten metallische Untergründe, die sich in zwei Gruppen einteilen lassen: Eisenmetalle und Nichteisenmetalle (NE-Metalle). Zu den Eisenmetallen gehören Gusseisen, Schmiedeeisen, Baustahl, Qualitätsstahl und Edelstahl. Zu den NE-Metallen zählen z. B. Aluminium, Kupfer, Zink und Blei. Metallische Untergründe kann man aufgrund ihrer Farbe, Dichte und einer eventuellen Oxidationsschicht unterscheiden.

Metalle, die mit Anteilen anderer Metalle oder sonstiger Stoffe versehen werden, nennt man Legierungen. Beispiele hierfür sind Stahl mit Chrom (z. B. für Motorradteile) oder das Messing (Kupfer und Zink), das man für Beschläge, Verzierungen und Armaturen verwendet, oder Bronze (Kupfer und Zinn).

Das Eisenmetall, das von Malern und Lackierern vorwiegend beschichtet wird, ist der Baustahl. Der Rohstoff für die Erzeugung von Stahl ist Eisenerz, aus dem im Hochofen durch Entzug von Sauerstoff zunächst Roheisen und durch weitere Erhitzung dann der Stahl gewonnen wird. Bei der Herstellung wird dem Stahl Kohlenstoff entzogen, da hiervon seine Härte abhängt. Baustahl enthält weniger als 2 % Kohlenstoff.

Durch mechanische Umformung bei gleichzeitiger Einwirkung großer Hitze können die Eigenschaften von Stahl auf unterschiedliche Anwendungsbereiche angeglichen werden. Enthält der Stahl mehr Kohlenstoff, wird er spröder. Aufgrund seiner guten Eigenschaften und auch aus wirtschaftlichen Gründen ist Stahl auf einer Vielzahl von Gebieten unersetzbar. Stahl ist zerspanbar, kalt verformbar und schweißbar. Stahl kann sehr weich und dafür ausgezeichnet verformbar hergestellt werden, wie etwa das Weißblech der Getränkedosen. Im Bauwesen und Fahrzeugbau können Stahlteile ergänzt und ausgetauscht werden. Stahl wird in vielen Gebieten des Geräte-, Anlagen- und Fahrzeugbaus, des Bauwesens und der Industrie sowie bei der Herstellung sonstiger Alltagsgegenstände verwendet.

1 Stahlherstellung

Mögliche Beschichtungsobjekte sind:

- Bleche,
- Heizkörper,
- Karosserieteile,
- Rohre,
- Türen,
- Tore,
- Maschinenteile.

Oberflächen aus NE-Metallen, die beschichtet werden, können aus Aluminiumlegierungen, Zink, verzinkten Eisenmetallen und Kupfer bestehen. Aluminium ist ein Leichtmetall, das elektrochemisch aus dem Rohstoff Bauxit hergestellt wird. Es ist im Vergleich zu Stahl weich und kratzempfindlich. Baubeschläge, Fassadenverkleidungen, Karosserieteile, Felgen, Fenster, Türen, Vordächer usw. werden aus Legierungen des Aluminiums mit Mangan, Magnesium, Silicium oder Kupfer hergestellt.

Aus Zink oder Zinklegierungen werden z. B. Fallrohre und Fassadenabdeckungen hergestellt. Mit Zink beschichtete (verzinkte) Eisenmetalle sind als Türzargen, Dachrinnen, Geländer usw. mögliche Beschichtungsuntergründe. Auch Fahrzeugkarossen können verzinkt werden.

Heizungsrohre und Bleche aus Kupfer werden aus optischen Gründen beschichtet.

Tab. 1: Metalle als Beschichtungsuntergründe

Aluminium und seine Legierungen	Al Cu Mn Mg Si	
Zink	Zn	
Verzinkter Stahl	Fe & Zn	
Kupfer	Cu	

3.2 Chemische und physikalische Bedingungen/Eigenschaften und Verhalten

Wenn man gleichzeitig große Hitze und starke mechanische Kräfte auf Stahl einwirken lässt, können die Eigenschaften von Stahl auf unterschiedliche Anwendungsbereiche angeglichen werden. Er kann zum Beispiel weich und dafür gut verformbar hergestellt werden, wie etwa das Blech von Getränkedosen. Andererseits kann er sehr hart, aber dafür spröde hergestellt werden, wie Stähle für Messer.

Neuere Entwicklungen sind darauf ausgerichtet, den Stahl gleichzeitig stabil und verformbar herzustellen, was für den Fahrzeugbau wichtig ist. Dies lässt zu, dass beschädigte Autoteile vom Fahrzeuglackierer z. B. durch Ausbeularbeiten repariert werden können. Um dünnes Blech dennoch stabil halten zu können, werden beim Fahrzeugbau gezielt Sicken (Vertiefungen) und Kanten (Erhöhungen) (Abb. 1) sowie Stabilisierungen im Innenbereich eingeplant (Abb. 2).

Stahl steht aufgrund seiner höheren Masse als Werkstoff in Konkurrenz zum Aluminium. Leichtere Bauteile sind auf der Baustelle einfacher einzubauen und benötigen keine übermäßig stabile Unterkonstruktion (z. B. Dächer für Wintergärten). Bei Fahrzeugen kann durch die Reduzierung der Masse mit der Verwendung von Aluminium Kraftstoff und somit Geld gespart werden.

Aluminium ist zudem sehr korrosionsbeständig, da es durch die Reaktion mit dem Luftsauerstoff rasch eine dünne Oxidschicht bildet, die es vor weiterer Korrosion schützt. Diese Schicht kann künstlich verstärkt werden, indem das Aluminium chemisch oder elektrisch oxidiert wird. Das elektrische Oxidieren wird „Eloxieren“ genannt.

1 Sicken und Kanten an einem Fahrzeug

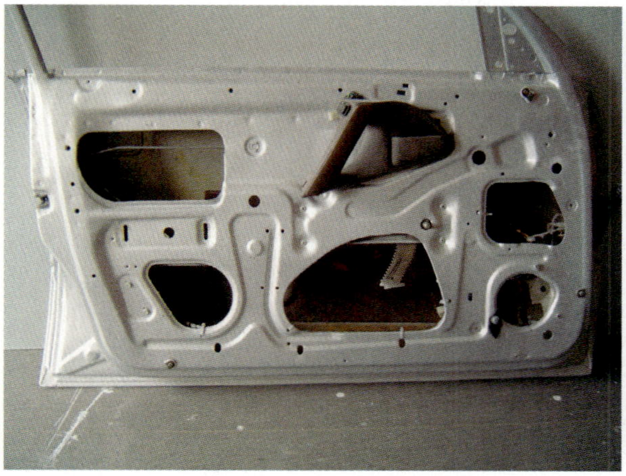

2 Pkw-Tür

3 Feuerverzinken

3.3 Verzinkung

Korrosionsschutz von Stahl ist durch einen Überzug mit Zink möglich. Meistens werden Stahlteile feuerverzinkt, d. h. sie werden in ein Zinkbad getaucht, wobei die zu erreichenden Schichtdicken von der Temperatur des Zinks und der Verweildauer des Stahlteils im Bad abhängen (Abb. 3). Andere Verfahren sind die elektrolytische Verzinkung sowie die Spritzverzinkung mittels Flamm- oder Lichtbogenspritzen. Allerdings ist eine Unterscheidung der unterschiedlichen Verzinkungsarten mit baustellenüblichen Mitteln nicht immer möglich.

Auf der Baustelle trifft der Maler häufig auf verzinkte Stahltüren und -zargen, der Lackierer bearbeitet verzinkte Karosserieteile.

Die Zinkoberfläche muss zur Verbesserung der Haftfestigkeit sorgfältig vorbereitet werden.

Die Reinigung von Öl-, Fett- und Schmutzresten wird mittels einer ammoniakalischen Netzmittelwäsche durchgeführt.

Die Reinigungsflüssigkeit wird auf der Baustelle aus

- 10 l Wasser,
- ½ l 25%iger Salmiakgeist (Ammoniakwasser) und
- einer geringen Menge Spülmittel (Inhalt eines Kronkorkens)

hergestellt. Einige Hersteller bieten auch fertige Mischungen an. Die Zinkoberfläche wird mit einem Schleifvlies und der Reinigungsflüssigkeit nass geschliffen, bis es schäumt. Im Anschluss ist das Objekt mit viel Wasser nachzuspülen.

Alternativ kann die Zinkoberfläche gesweept werden. Das Sweepen ist ein Strahlverfahren, das die Zinkoberfläche für eine Beschichtung anraut, ohne die Schicht zu beschädigen.

3.4 Korrosionsarten und Korrosionsprodukte

3.4.1 Korrosion

Um metallische Untergründe beschichten zu können, müssen zunächst mögliche Mängel am Untergrund beseitigt werden. An Objekten, die der Maler und Lackierer bearbeitet, tritt Korrosion (Rost) an Baustahl am häufigsten auf. Sie ist die meist oberflächliche Reaktion des Werkstoffs mit seiner Umgebung. Eisen korrodiert, wenn es ungeschützt Wasser und Sauerstoff ausgesetzt wird. Chloride (Salze) fördern die Korrosion. Zum Beispiel rosten durch Steinschläge oder Kratzer beschädigte Autokarossen im Winter durch den Einfluss von Streusalz schneller als im Sommer.

Rost hat ein deutlich größeres Volumen als Stahl, sodass er Betonteile von der metallischen Bewehrung absprengen oder Beschichtungen abplatzen lassen kann. Metalle haben das Bestreben, in ihre ursprüngliche Form zurückzukehren und sich den Sauerstoff, der ihnen bei der Herstellung entnommen worden ist, wieder zurückzuholen.

1 Gitterschnitttest

2 Klebebandtest

3 Unterrostung am Radbogen eines Pkw

4 Durchrostung am Fensterrahmen eines Busses

Schon bei der Stahlherstellung bildet sich bei ca. 600 °C eine harte schwarze Schicht, die Zunder genannt wird. Der Zunder ist spröder als das sich darunter befindende Eisen und besitzt mit der Zeit keine Haftung zum Stahl mehr. Daher muss er komplett entfernt werden, bevor mit Beschichtungsarbeiten begonnen werden kann.

Durch die Korrosion entstehen allein an beschichteten Fahrzeugen und Bauteilen jährlich Schäden in Milliardenhöhe. Sie kann die Sicherheit eines Fahrzeugs, aber auch die Funktion eines Bauteils oder einer ganzen Konstruktion gefährden.

Baustahl muss zur Verhinderung von Korrosion beschichtet werden; andere Metalle sind widerstandsfähiger. Sie bilden eine Schutzschicht, die einen weiteren Schaden am sich darunter befindlichen Material verhindert.

Durch eine chemische Reaktion der Oberfläche des Baustahls mit Wasser, Säuren, Laugen und Gasen wird die chemische Korrosion hervorgerufen, die das Materialgefüge nach und nach zerstört.

In der Tabelle 1 sind die wichtigsten Bezeichnungen für Rost zusammengefasst.

Tab. 1: Rostbezeichnungen

Rostbezeichnung	Beschreibung
Flugrost	beginnende Korrosion auf Stahl an der Luft, noch keine Beeinträchtigung der Stabilität
Lochfraß	örtlich begrenzte, tief wirkende Korrosion
Unterrostung	sich unter der Beschichtung ausbreitende Korrosion, Haftungsverlust der Beschichtung
Durchrostung	zerstörende Durchrostung bei Stahlblechen, häufig an älteren Kfz zu beobachten

Damit der Maler und Lackierer die notwendigen Schritte zur Vorbehandlung der mit Rost befallenen Flächen durchführen kann, muss er die Schäden einordnen können. Die DIN-Normen helfen, die Beeinträchtigungen an beschichteten und unbeschichteten Stahlflächen in Rostgrade einzuteilen (Tab. 2 und 3).

Tab. 2: Rostgrade beschichteter Stahlflächen nach DIN EN ISO 4628-3

Rostgrad	Flächenzustand
Ri 0	rostfreie Fläche
Ri 1	0,05 % rostbedeckte Fläche
Ri 2	0,5 % rostbedeckte Fläche
Ri 3	1 % rostbedeckte Fläche
Ri 4	8 % rostbedeckte Fläche
Ri 5	40–50 % rostbedeckte Fläche

Tab. 3: Rostgrade unbeschichteter Stahlflächen nach ISO 8501-1

Rostgrad	Aussehen
A	weitgehend mit fest haftendem Zunder bedeckt, aber im Wesentlichen frei von Rost
B	beginnende Rostbildung und beginnende Zunderabblätterung
C	Zunder ist abgerostet oder lässt sich abschaben, nur ansatzweise für das Auge sichtbare Rostnarben
D	Zunder ist abgerostet, verbreitet für das Auge sichtbare Rostnarben

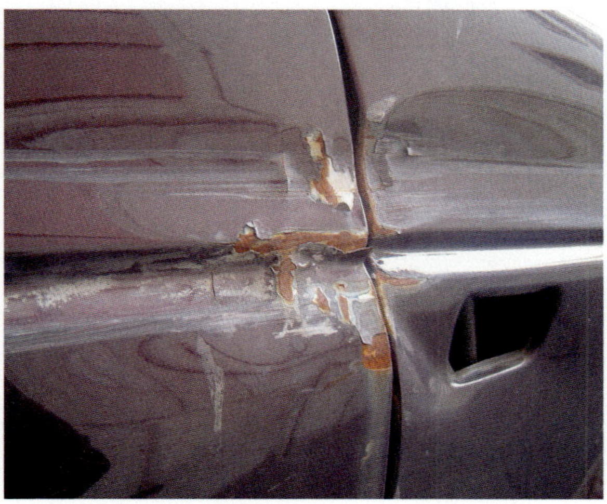

5 Unfallschaden an Kfz-Türen

3.4.2 Beulen

Durch kleinere Schäden oder schwerere Unfälle können Fahrzeugteile unterschiedlich stark verbeult werden. Aber auch andere Bauteile aus Stahl können beim Transport oder Einbau Beschädigungen erhalten. Bevor man beginnt, beschädigte Teile zu reparieren, muss überprüft werden, ob der Austausch oder die Wiederbeschaffung eventuell wirtschaftlicher ist als deren Reparatur.

Vorbehandlung der Untergründe
Damit eine hochwertige Beschichtung ihre Funktion und Optik überhaupt entfalten kann, ist eine gründliche Vorbehandlung des jeweiligen Untergrundes notwendig. Korrosionsprodukte, Zunder, Fette, Öle, Silicone, alte/nicht mehr intakte Beschichtungen und Schmutz müssen entfernt werden, ehe die Neubeschichtung aufgebracht werden kann.

3.4.3 Entrostung, Entschichtung und Reinigung

Da einige Reinigungsverfahren auch beim Entfernen von Beschichtungen und Korrosionsschichten eingesetzt werden (und umgekehrt), werden diese Tätigkeiten hier zusammengefasst. Die Verfahren sind sehr unterschiedlich und müssen stets den Gegebenheiten entsprechend ausgewählt werden. Unfallverhütungsvorschriften und Umweltschutzbestimmungen müssen eingehalten werden. Dies gilt auch für die Entsorgung z. B. von Strahlgut oder mit Abbeizer versetzter Altbeschichtung.

Unfallverhütung beim Entrosten/Entschichten und Reinigen von Metalloberflächen
Grundsätzlich muss der Arbeiter bei diesen Arbeiten zur Vermeidung von Unfällen und Gesundheitsschädigungen seine persönliche Schutzausrüstung tragen.

- Staubbelastung: Feinstaubmaske
- Funkenbildung: Schutzbrille, Schutzhandschuhe, langärmlige Kleidung
- Wasserstrahlen: Schutzbrille, Nässeschutz
- Sandstrahlen: Vollschutz (Gesichts- und Körperschutz)
- Flammstrahlen: Schutzbrille, feuerfeste Kleidung
- Lösemittel: Maske mit entsprechendem Gasfilter, Handschuhe

Bei Lärmbelastung durch laute Geräte ist zusätzlich Gehörschutz zu tragen!

1 Strahlgerät

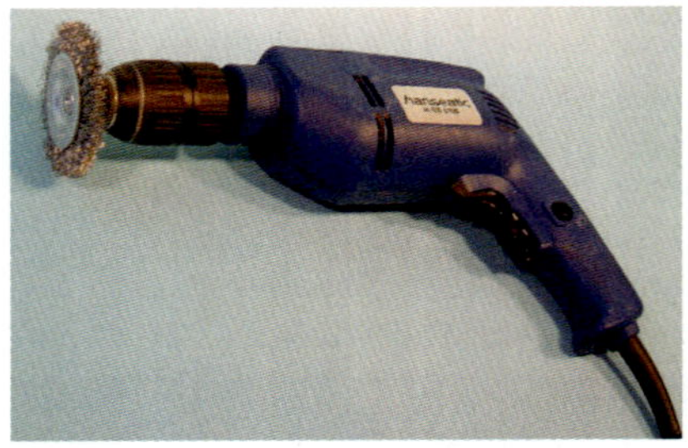

2 Bohrmaschine mit Bürstenaufsatz

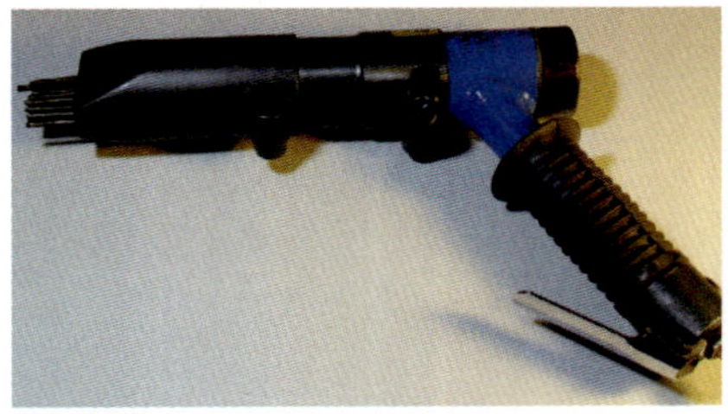

3 Nadelpistole

Tab. 1: Entschichtungsverfahren

Gerät/Werkzeug/Methode	Entrostung	Entschichtung	Reinigung
Handbesen/Abstauber	Flugrost	–	Staub, sehr lose Schichten
Druckluftpistole	lose Rostschichten	Schichten mit mangelhafter Haftung am Untergrund	Staub, sehr lose Schichten
Handstahlbürste/Bohrmaschine mit Bürstenaufsatz	lose Rostschichten	–	fest haftende Verunreinigungen
Schleifmittel (manuell und maschinell per Schwing- oder Exzenterschleifer)	fest haftender Rost, loser Zunder	dünne, harte Beschichtungen	fest haftende Verunreinigungen
Hochdruckwasserstrahlen	–	je nach Dicke der Beschichtung und Strahldruck	Öle, Fette
Sand- oder Partikelstrahlen	alle Rostgrade und Zunderschichten	harte Beschichtungen	Staub, lose und feste Verunreinigungen, Öle, Fette
Flammstrahlgerät/ Abbrenngerät	alle Rostgrade und Zunderschichten	organische Beschichtungen	–
Lösemittel/Abbeizer	–	reversible, organische Beschichtungen	teilweise Öle und Fette
Nadelpistole	dicke Rostschichten, auch auf profilierten Untergründen	–	–

3.5 Untergrundprüfung

Ehe ein Untergrund bearbeitet werden kann, muss – auch zur Kalkulation des Preises – eine Schadensanalyse durchgeführt werden. Hierfür benötigt man keine aufwendigen Messverfahren, sondern vergleichsweise einfaches Zubehör. Bei beschichteten Metallen können eine Gitterschnittprüfung oder ein Klebebandtest bereits Erkenntnisse über die Tragfähigkeit des Untergrundes bringen.
Mit Lösemitteln kann festgestellt werden, ob ein Untergrund reversibel ist, d. h., ob er sich anlöst. Hierzu wird mit einem lösemittelgetränkten Baumwolllappen an einer wenig sichtbaren Stelle gerieben, ob sich der Lack anlösen lässt. Zur Analyse von Korrosionsschäden gleicht man die befallene Fläche mit Vergleichsbildern oder anhand des Rostgrades ab.

3.5.1 Filmbildung

Unter der Filmbildung versteht man den Übergang eines aufgetragenen Beschichtungsstoffes vom flüssigen in den festen Zustand, also die Verfestigung der Beschichtung. Die mechanische oder chemische Belastung der Beschichtung ist erst nach der vollständigen Verfestigung des Films möglich. Je nach Art des Beschichtungsstoffs können unterschiedliche physikalische oder chemische Vorgänge bei der Bildung des Films stattfinden. Nach Art der Filmbildung können die Beschichtungsstoffe wie folgt unterschieden werden:

- physikalisch trocknende Beschichtungsstoffe (Abb. 4–6)
  (z. B. Dispersionswandbeschichtungen, wässrige Acryllacke, Nitrocelluloselacke)
- chemisch härtende Beschichtungsstoffe
  (z. B. 2K-Epoxidharz-Bodenbeschichtungen, UV-härtende Möbellacke, 2K-Polyurethan-Spritzbeschichtungen)
- physikalisch trocknende und chemisch härtende Beschichtungsstoffe
  (z. B. Fahrzeugreparaturlacke, werksseitige Fahrzeuglackierung, Industrielacke)
- oxidativ oder durch Feuchte härtende Beschichtungsstoffe
  (z. B. Alkydharzlacke, feuchtigkeitshärtende Polyurethanlacke, Ölfarben)
- aus der Schmelze erstarrende Beschichtungsstoffe
  (z. B. Pulverlacke)

3.5.2 Nass- und Trockenschichtdicke

Zur Messung der Schichtdicke einer Beschichtung muss zunächst geklärt werden, ob die Nass- oder die Trockenschichtdicke ermittelt werden soll.
Unter der Nassschichtdicke versteht man die Schichtdicke, die sich unmittelbar nach dem Beschichten auf dem Untergrund befindet. Eine Messung dieser Schichtstärke muss schnellstmöglich erfolgen, um keine Messfehler zu erhalten. Je nach Verdünnungsmittel und Umgebungstemperatur kann sich die Schichtdicke durch Verdunstung rasch verringern.
Die Trockenschichtdicke ergibt sich nach der vollständigen Trocknung und Verfestigung des Beschichtungsfilms. Sämtliche Verdünnungsmittel müssen verdunstet sein. Eine Trockenschichtdickenmessung kann auch lange nach dem Beschichtungsvorgang vorgenommen werden.

3.5.3 Messung von Beschichtungsfilmen

Der **Messkamm für die Nassschichtdicke** dient der Messung der Nassschichtdicke. Zum Schutz des Untergrundes ist eine bestimmte Schichtdicke erforderlich. In einigen Fällen wird die Schichtdicke durch Normen vorgeschrieben, beim Korrosionsschutz (DIN EN ISO 12944) oder bei Brandschutzbestimmungen. Daher muss oft die Schichtdicke schon beim Beschichten kontrolliert werden. Die Abb. 1, S. 86 zeigt die Handhabung des Messkammes und die Abbildung darunter das Prinzip. Die beiden äußeren Zähne des Kammes ruhen auf dem Beschichtungsuntergrund. Der letzte noch von der Beschichtung benetzte Zahn zeigt die Schichtdicke an, im Beispiel zwischen 300 und 400 µm.

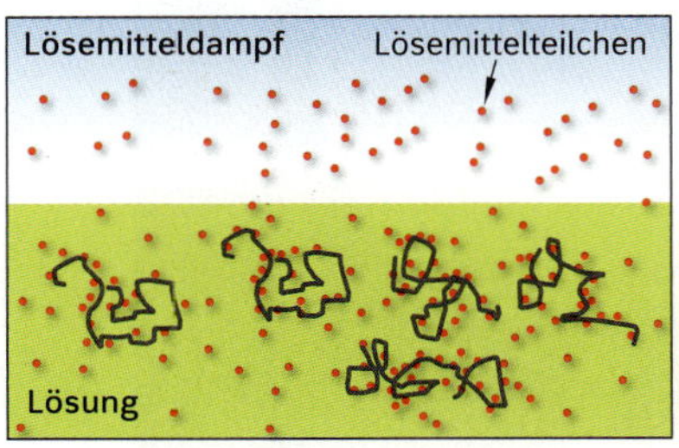

4 Nassschichtdicke unmittelbar nach der Beschichtung

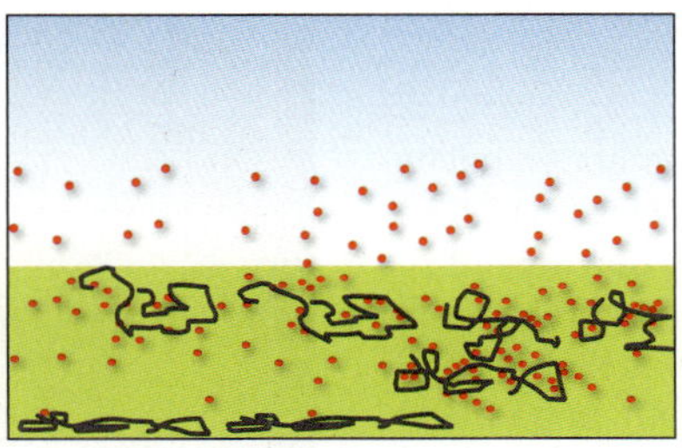

5 Fortschreitende Verdunstung von Lösemitteln, Verringerung der Schichtdicke

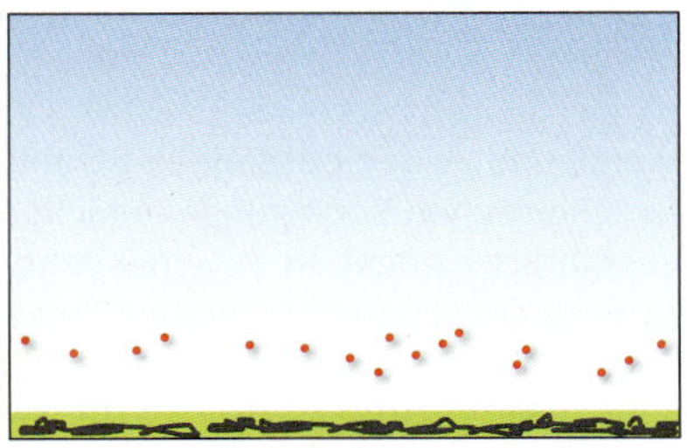

6 Trockenschichtdicke (sämtliche Lösemittelteilchen sind verdunstet)

Die Messung sollte an mehreren Stellen wiederholt werden, um ein sicheres Messergebnis zu gewährleisten. Je nach Auftrag kann eine Mindestzahl von Messungen pro m^2 festgelegt sein.

Am trockenen Beschichtungsfilm kann die **Schichtstärke** mit der Schichtdickenmessuhr (Abb. 3) gemessen werden. Dazu wird die zu prüfende Beschichtung ca. 3 mm breit vorsichtig bis zum Untergrund abgeschabt. Der Untergrund darf dabei nicht verletzt werden. Die zuvor mit dem Rädchen in Nullstellung gebrachte Uhr wird so aufgesetzt, dass die beiden äußeren Füßchen auf der Beschichtung stehen und der dazwischenliegende Fühler frei liegt. Mit dem Rädchen wird der Taster bis auf den Untergrund herabgelassen und die Trockenschichtstärke auf der Skala abgelesen. Im Beispiel der Abb. 3 beträgt die Trockenschichtdicke der Wandbeschichtung 0,17 mm = 170 µm.

Die Messung sollte an mehreren Stellen wiederholt werden, um ein sicheres Messergebnis zu gewährleisten. Je nach Auftrag kann eine Mindestzahl von Messungen pro m^2 festgelegt sein.

Neben der Messung der Trockenschichtdicke mit der Messuhr kommt auch die Messung mit elektronischen Geräten zum Einsatz. Die Geräte, die nach dem magnetinduktiven Verfahren und Wirbelstromverfahren arbeiten, sind für metallische Untergründe geeignet. Auf nichtmetallischen Untergründen, die auf die oben genannten, elektrischen Messverfahren nicht ansprechen, kann z. B. die Messung mit Ultraschallverfahren eingesetzt werden.

Neben der Trockenschichtdicke kann an der festen Beschichtung die Haftung durch den **Gitterschnitttest** nach DIN EN ISO 2409 geprüft werden. Hierbei wird mit einem Kopfmesser die Lackschicht 6 x (im Abstand von 1 mm bei Schichtstärken unter 60 µm, im Abstand von 2 mm bei Schichtstärken von 60–120 µm, im Abstand von 3 mm bei Schichtstärken über 120 µm) eingeschnitten, danach wird rechtwinklig ein Querschnitt zum Längsschnitt durchgeführt. Dazu können entweder spezielle Messer mit mehreren Klingen (Abb. 4) oder ein Messer mit entsprechender Schnittschablone benutzt werden.

Hierzu und zu den passenden Schnittabständen bei unterschiedlichen Bedingungen macht DIN EN ISO 2409 ausführliche Angaben. Anschließend an den Schnitt kann zusätzlich der Klebeband-Test durchgeführt werden. Dazu wird ein in der Norm definiertes Klebeband auf das entstandene Schnittraster geklebt, angedrückt und senkrecht wieder abgezogen. Die Belastung der Beschichtung wird hierdurch erhöht. Das so entstandene Gitter kann nach der Tab. 1 beurteilt werden. Das Messergebnis wird als Gitterschnittwert protokolliert. Im Beispiel der Abb. 5, entspricht dieses dem Gitterschnittkennwert (GT) 1.

1 Ablesen des Messkamms

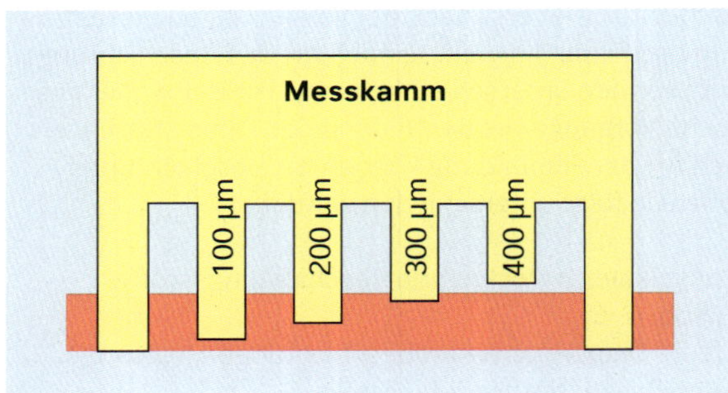

2 Prinzip des Messkamms

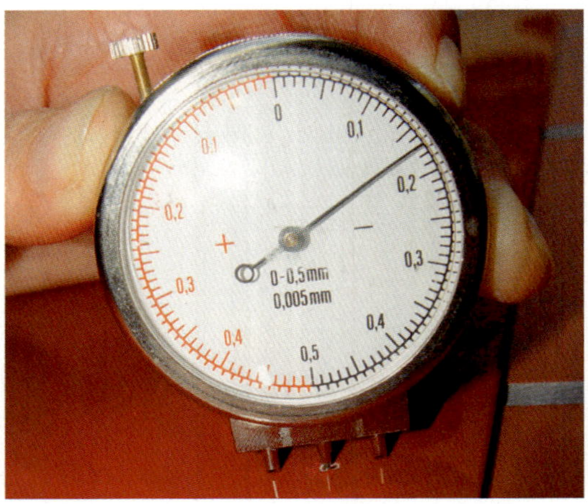

3 Trockenschichtdickenmessuhr

4 Gitterschnitt mit dem Kopfmesser

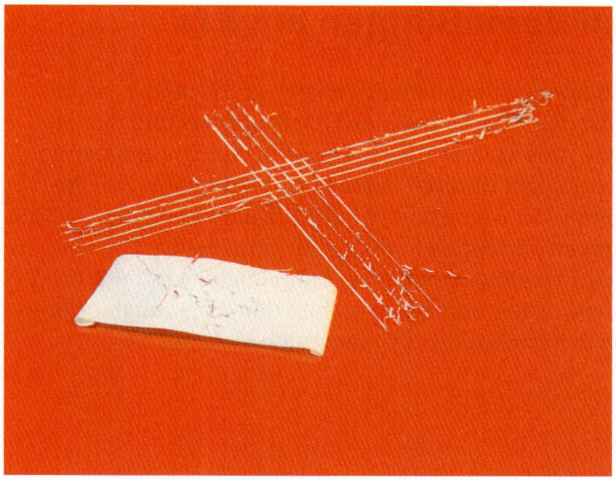

5 Messergebnis nach dem Klebebandtest

Tab. 1: Auswertung des Gitterschnitttestes nach DIN EN ISO 2409

Gitter-schnitt-Kennwert	Beschreibung	Aussehen der Oberfläche im Bereich des Gitterschnittes, an der Abplatzung aufgetreten ist (Beispiel für sechs parallele Schnitte)
0	Die Schnittränder sind vollkommen glatt; keines der Quadrate des Gitters ist abgeplatzt.	–
1	An den Schnittpunkten der Gitterlinien sind kleine Splitter der Beschichtung abgeplatzt. Abgeplatzte Fläche nicht größer als 5 % der Gitterschnittfläche.	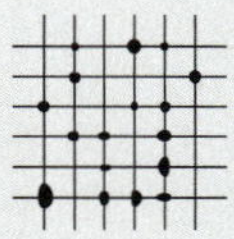
2	Die Beschichtung ist längs der Schnittränder und/oder an den Schnittpunkten der Gitterlinien abgeplatzt. Abgeplatzte Fläche größer als 5 %, aber nicht größer als 15 % der Gitterschnittfläche.	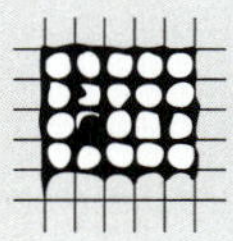
3	Die Beschichtung ist längs der Schnittränder teilweise oder ganz in breiten Streifen abgeplatzt, und/oder einige Quadrate sind teilweise oder ganz abgeplatzt. Abgeplatzte Fläche größer als 15 %, aber nicht größer als 35 % der Gitterschnittfläche.	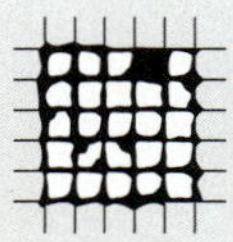
4	Die Beschichtung ist längs der Schnittränder in breiten Streifen abgeplatzt, und/oder einige Quadrate sind ganz oder teilweise abgeplatzt. Abgeplatzte Fläche größer als 35 %, aber nicht größer als 65 % der Gitterschnittfläche.	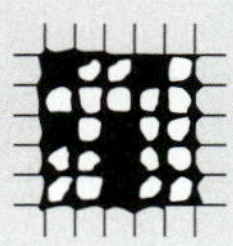
5	Jedes Abplatzen, das nicht mehr als Gitterschnitt-Kennwert 4 eingestuft werden kann.	–

3.6 Bemaßungen am Kfz

Die Abmessungen eines Fahrzeugs machen in erster Linie den Charakter eines Fahrzeugs aus und dienen dazu, das Kfz in eine der Gruppen der Fahrzeugformen einzuteilen. Darüber hinaus kann man unter Zuhilfenahme der Abmessungen die Kfz unterschiedlicher Marken und Typen miteinander vergleichen. Die Flächenberechnung einzelner Fahrzeugteile unter Zuhilfenahme der Bemaßungen hilft dem Fahrzeuglackierer bei der Ermittlung des Materialbedarfs.

Bei der Fahrzeugbemaßung sind folgende Größen von Wichtigkeit:

- Fahrzeuglänge = L,
- Fahrzeughöhe = H,
- Radstand = R,
- Überhanglänge = $Ü_v$; $Ü_h$,
- Bodenfreiheit = F,
- vorderer und hinterer Überhangwinkel α_v; α_h.

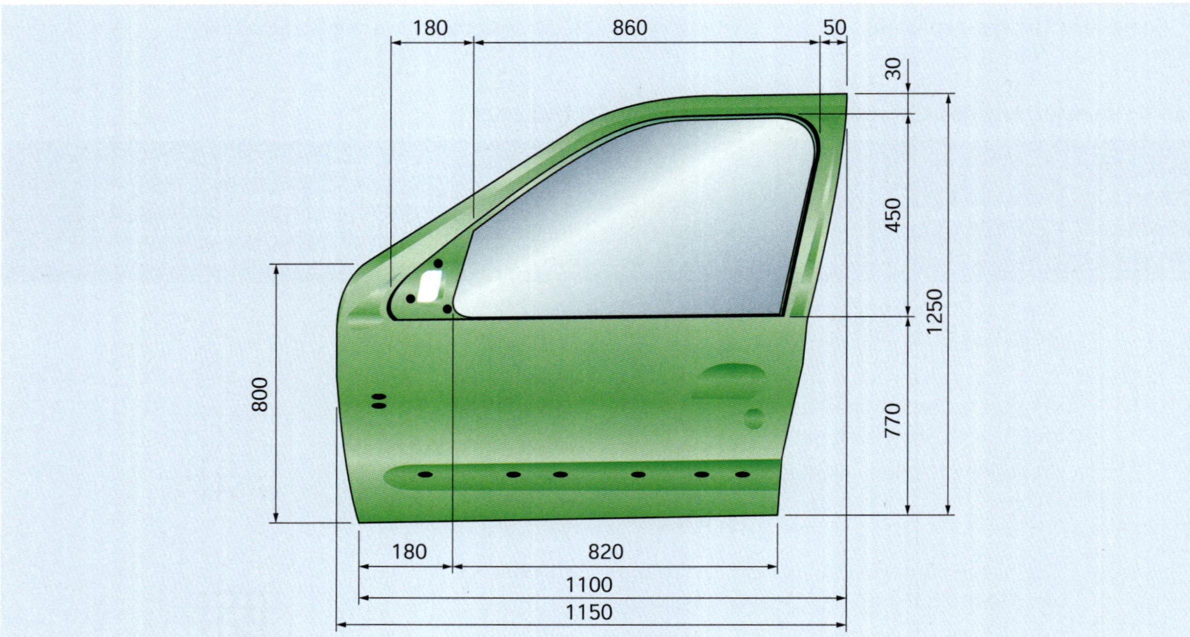

1 Bemaßung einer Autotür in mm

2 Fahrzeugbemaßung

3.7 Qualitätssicherung

Der Malerbetrieb ist verpflichtet, die Arbeiten so auszuführen, wie es in der Leistungsbeschreibung vorgesehen ist. Auf einer Baustelle können jedoch viele Unwägbarkeiten auftreten, die die Arbeit verzögern oder einen anderen Arbeitsablauf erzwingen als vorgesehen. So kann z. B. der Untergrund Mängel aufweisen oder die Arbeiten eines vorhergehenden Gewerks (Elektriker, Fliesenleger, Verputzer) können sich verzögern. Es kann auch sein, dass der Auftraggeber Änderungen in der Ausführung wünscht.

Die Änderungen im Arbeitsgang müssen schriftlich festgehalten werden, damit der Malerbetrieb die Verzögerung dem Auftraggeber mitteilen oder seine Bedenken einwenden kann.

Als Hilfsmittel für einen sicheren Informationsfluss haben sich **Bautagebücher** bewährt. Dort werden alle Bedingungen auf einer Baustelle festgehalten. Dazu gehören die Witterung, die Anzahl der Arbeiter und besonders alle Vorkommnisse, die die eigene Arbeit erschweren oder verzögern. Der Facharbeiter sollte diese Berichte täglich erstellen und dem Chef übermitteln, damit dieser stets im Bilde ist, was auf der Baustelle abläuft (Abb. 3).

Der Malerbetrieb legt dem Auftraggeber oder einem Beauftragten (Architekt, Bauleiter) regelmäßig einen **Regiebericht** vor, in dem die geleisteten Arbeiten und besonderen Vorkommnisse festgehalten sind (Abb. 4).

Nach der Fertigstellung der Arbeiten des Malers erfolgt eine Baubegehung. Dabei kontrolliert der Auftraggeber zusammen mit dem Chef des Malerbetriebs die geleistete Arbeit. Dabei festgestellte Mängel werden im Abnahmeprotokoll festgehalten. Sind keine Mängel vorhanden, gilt die Leistung mit der Unterschrift auf dem Abnahmeprotokoll als erbracht und kann dann vom Betrieb abgerechnet werden.

Malerbetrieb Tester

Bautagebuch

Auftraggeben/Baustelle:	Blatt-Nr.:	Seite:
Karin Mustermann	Datum:	
	Uhrzeit:	
	Auftr.Nr:	12345

Baustellenleiter

Wetterdaten ○ Sonne ○ Regen ○ Sturm ○ Frost ○ Schnee
○ Temperatur innen: außen: ○ Luftfeuchtigkeit

Arbreitszeit von: bis:

Mitarbeiter (Name und Funktion)	Art der Arbeit	Material	Geräte

Raum für Notizen (z. B. Dokumentation von Sachverhalten wie Anordnungen des Auftraggebers oder Bauleiters, Abnahmen, Absprachen, Übergabe von Unterlagen)

Ort und Datum der Vorlage beim AG: Unterschrift:

3 Bautagebuch

Malerbetrieb Tester

Rapportzettel/Regiebericht

Auftraggeben/Baustellenanschrift:	Rapportnummer:
Karin Mustermann	Datum:
	Auftr.Nr: 12345

Arbeitsbeschreibung (die Art der Rapporte/Regiearbeiten ist ausführlich zu beschreiben und zu begründen, eventuell mit Angabe der Lage, Uhrzeit, wann und von wem angeordnet, usw.)

Datum/ Uhrzeit	Mitarbeiter Vor- und Zuname	FA/VA Helfer Meister	Std.	Zuschlag U-std./N-std./ S-std./F-Std.	Material (Zuschlag oder genaue Bezeichnung und Menge)	Maschinen- und Geräteeinsatz

Gesamtstunden:

Die Rapport-/Regiearbeiten wurden entsprechend den Angaber ausgeführt. Den Rapport-/Regiebericht geprüft und erhalten:

Datum und Unterschrift Auftragnehmer

Datum und Unterschrift Kunde/Auftraggeber/Baustellenleiter

Rapport-/Regiearbeiten akzeptiert

Datum und Unterschrift Kunde/Auftrageber

4 Rapportzettel/Regiebericht

3.8 Metallpigmente

Zur Beschichtung auf Metalluntergründen werden in Beschichtungssystemen einige typische Pigmente eingesetzt.

Eisenglimmer ist ein Pigment mit schuppenförmigem Aussehen und sorgt für einen physikalischen Korrosionsschutz von Eisenmetallen, indem es korrosionsfördernde Stoffe, z. B. Wasser und Sauerstoff, aufhält.

Titandioxid ist in Lacken und Dispersionen das am häufigsten verwendete Weißpigment, da es über eine sehr gute Deckkraft verfügt. Aus diesem Grund ist es auch in fast allen Buntlacken enthalten.

Eisenoxidgelb und -rot sind universell einsetzbare Pigmente, die günstig hergestellt werden können. Sie sind dennoch gut deckend und wetterecht.

Aluminiumpigmente sind die am häufigsten verwendeten Metalleffektpigmente. Meistens werden sie in Metallic-Autolacken eingesetzt. Ihren charakteristischen Effekt erzielen die Pigmente, wenn sie sich im Lackfilm parallel zur Oberfläche anordnen. Einfallendes Licht wird auf der Oberfläche des Aluminiumpigments reflektiert und an den Pigmentkanten gestreut. Diese Pigmente wirken ähnlich wie Eisenglimmer, da sie korrosionsfördernde Stoffe aufhalten.

1 Behälter mit Perlglanzpigmenten

2 Titandioxid (TiO_2) und Eisenoxidgelb ($FeO(OH)$)

3 Perlglanzpigmente

4 Blechproben zur Pigmentbeurteilung

5 Stark pigmentierte Bodenbeschichtungen

6 Blechproben zur Beurteilung von Perlglanzpigmenten

Aufgaben zu Lernfeld 3

1. a) Welche Metalle kommen als Beschichtungsuntergründe infrage?
   b) Welche Objekte werden aus diesen Metallen hergestellt?

2. Nennen Sie mögliche Mängel, die ein zu beschichtender Untergrund aus Stahl aufweisen kann.

3. a) Unter welchen Bedingungen rostet Eisen? b) Welcher Stoff ist rostfördernd?

4. Was ist ein 2K-Beschichtungsstoff?

5. Welche Aufgabe haben jeweils die Bindemittel und Pigmente eines Beschichtungsstoffs?

6. Welche Gesundheitsgefährdungen können beim Entrosten und Entschichten von Metalloberflächen auftreten?

7. Erklären Sie den Unterschied zwischen Flugrost und Durchrostung.

8. Wie muss eine verzinkte Stahloberfläche im Vergleich zu einem nicht verzinkten Bauteil vorbehandelt werden?

9. Wann ist es sinnvoll, Metalloberflächen zu spritzen, anstatt sie zu rollen oder zu streichen?

10. Für welche Zwecke werden Lacken spezielle Additive zugegeben?

11. Nennen und beschreiben Sie drei unterschiedliche Korrosionsarten.

12. Was sind Korrosivitätskategorien nach DIN EN ISO 12944?

13. Wie unterscheidet sich ein Dickschichtsystem von einem Dünnschichtsystem für den Korrosionsschutz?

14. Nennen Sie Beispiele für aktiven und passiven Korrosionsschutz.

15. Nennen Sie Gründe, warum ein Korrosionsschutzsystem an einem Bauwerk unterschiedliche Schichtaufbauten benötigen kann.

16. Erläutern Sie die Schutzfunktionen eines Korrosionsschutzsystems.

4 Oberflächen gestalten

KUNDENAUFTRAG
Farbige Gestaltung und Beschriftung eines Messestandes und eines Firmenfahrzeuges

Arbeitsauftrag

Ein Malerbetrieb soll für eine regionale Ausstellung einen Messestand farblich gestalten und beschriften. Zudem soll ein Fahrzeuglackiererbetrieb ein passendes Werbefahrzeug für den Messeauftritt erhalten.

Auftraggeber ist „Das Handwerkerteam", eine Kooperation unterschiedlicher Handwerksbetriebe im Ort, die den Kunden gemeinsam ihre handwerklichen Leistungen anbieten. Dazu gehören neben dem Malerbetrieb und Fahrzeuglackierbetrieb ein Baugeschäft, ein Fliesenleger und ein Elektrikerbetrieb.

Ziel des Messeauftritts ist es, den Kunden einen Eindruck von der Qualität ihrer handwerklichen Arbeit zu vermitteln und neue Kunden für hochwertige Arbeiten zu gewinnen. Die Zusammengehörigkeit der Gewerke soll betont werden, jeder Betrieb soll dennoch als eigenständiger Bereich erkennbar sein.

Auszuführende Arbeiten

1. **Farbige Gestaltung der Wände des Messestandes**
   Jedem beteiligten Betrieb wird eine Fläche mit den entsprechenden Firmenfarben zugeordnet. Die Flächen sollen farblich harmonieren und den Eindruck des Hochwertigen unterstreichen.

2. **Anfertigen einer Bordüre**
   Es ist eine Bordüre aus einfachen geometrischen Formen als optische Verbindung der vier Handwerksbetriebe anzufertigen.

3. **Beschriftung von Schildern**
   Es sind zwei Schilder für den Messestand mit dem Schriftzug „Das Handwerkerteam – gemeinsam für Ihr Heim" anzufertigen.

4. **Beschriftung der Flächen**
   Es sind Beschriftungen für jede Fläche mit der Bezeichnung der einzelnen Betriebe und dem Firmenlogo anzufertigen:
   Malermeister Jahn,
   Zielker Fahrzeuglackierung
   Hauser – Fliesen und Kachelöfen,
   Sauber – Elektro-Meisterbetrieb
   Haus und Bau GmbH – Werner Groß

5. **Gestaltung des Werbefahrzeuges**
   Auf dem Werbefahrzeug sind die fünf Betriebe mit ihren Logos darzustellen. Der Schriftzug „Das Handwerkerteam, gemeinsam für Ihr Heim" muss sich ebenfalls auf dem Werbefahrzeug wiederfinden.

Objektbeschreibung

Farbige Gestaltung der Wände
Die Wände des Messestandes bestehen aus 15 mm dicken unbeschichteten OSB-Platten; Maße siehe Zeichnungen. Die Säulen sind mit dem Farbton RAL 7035 Lichtgrau beschichtet, der Kurzflor-Teppichboden hat den Farbton NCS 40 30 – R 90 B. Der Stand wird mit acht Lichtstrahlern unterschiedlicher Farbtemperatur beleuchtet.

Beschriftung von Schildern
Die Schilder für die Beschriftung bestehen aus weißen, unbeschichteten PVC-Platten mit 5 mm Dicke.

Gestaltung des Werbefahrzeuges
Bei dem zu Werbezwecken eingesetzten Fahrzeug handelt es sich um einen Mittelklasse-Kombi.

Leistungsbeschreibung

1. Anfertigen eines Farbentwurfs, Vorbereiten des Untergrundes, Beschichten der Wände mit Innendispersion, Farbtöne entsprechend dem Farbentwurf.

2. Entwurf eines geometrischen Musters, Schneiden einer Schablone, Aufbringen der Bordüre auf die fertig beschichteten Wände.

3. Vorbereiten des Untergrundes, Montage der Schriftzüge mit selbstklebender Folie.

4. Übertragen der Firmenschriftzüge und Firmenlogos auf die Wände.

5. Entwurf für das Werbefahrzeug erstellen. Übertragen des Entwurfs auf das Fahrzeug.

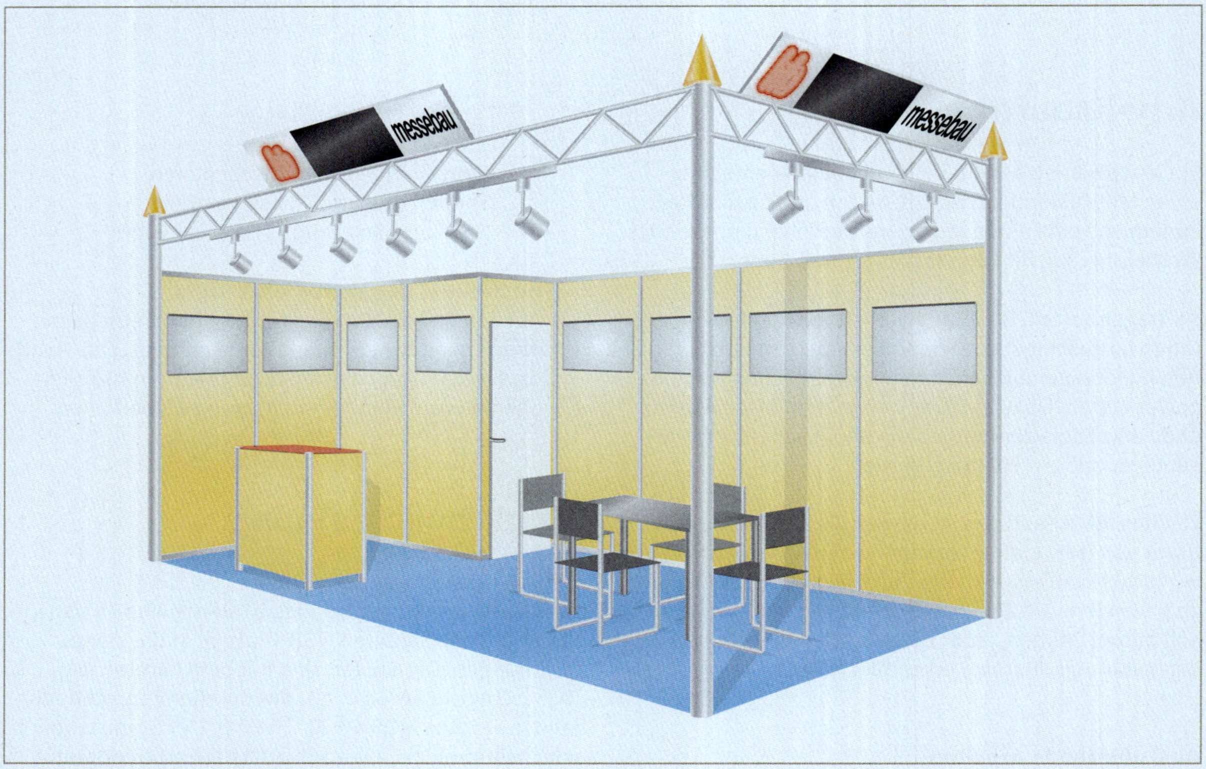

Farbige Darstellung

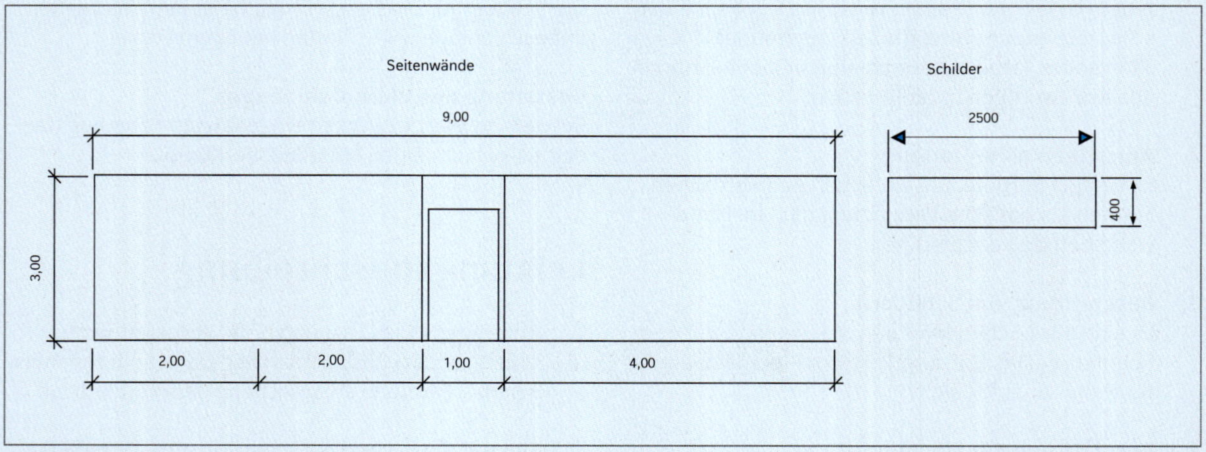

Abwicklung

Logos der beteiligten Firmen

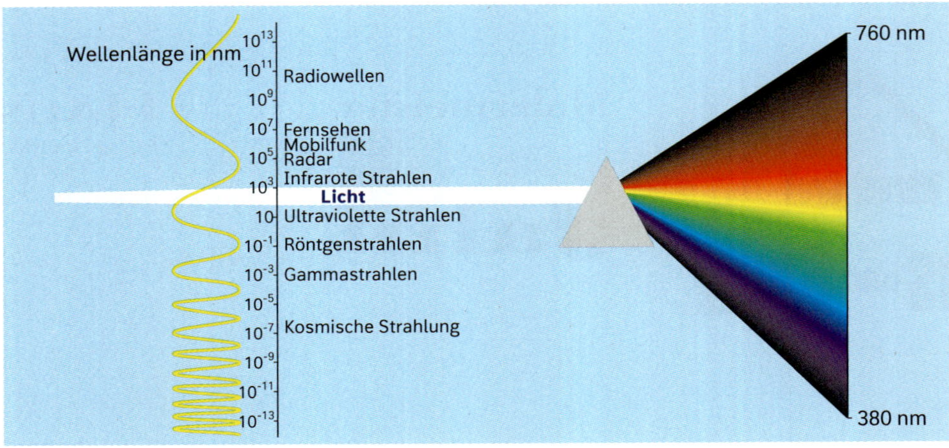

1 Arten elektromagnetischer Strahlung

4.1 Farbiges Sehen

Farbe ist lediglich eine Sinnesempfindung des menschlichen Gehirns, die entsteht, wenn Licht einer bestimmten Wellenlänge auf die Netzhaut des Auges gelangt.

Über elektromagnetische Strahlung (Abb. 1) kommt es zu einer Nervenerregung, die zum Gehirn geleitet und dort als Farbe wahrgenommen wird. Die Netzhaut enthält zwei unterschiedliche Arten von lichtempfindlichen Sehzellen: die helldunkel-empfindlichen Stäbchen, die nur für das Schwarz-Weiß-Sehen zuständig sind, und die farbempfindlichen Zapfen, mit denen farbig gesehen werden kann. Die Zapfen wiederum werden in die Rezeptoren mit unterschiedlichen Spektralbereichen unterteilt. Je nach spektraler Empfindlichkeit der Rezeptoren wird jeweils eine der drei Grundfarben „Rot“, „Grün“ oder „Blau“ vom Auge wahrgenommen.

Das für das menschliche Auge sichtbare Licht im Spektrum der elektromagnetischen Strahlung liegt im Wellenlängenbereich von etwa 380 nm bis 760 nm (nm = Nanometer, 1 nm = 10^{-9} m = 1 Millionstel Millimeter). Die verschiedenen spektralen Frequenzen innerhalb dieses Bereiches entsprechen den unterschiedlichen Farben von Violett über Blau, Grün, Gelb und Orange zu Rot (Abb. 2).

4.1.1 Sichtbare Strahlung, Spektralfarben

Licht ist die für das menschliche Auge sichtbare elektromagnetische Strahlung des Lichtspektrums mit dem Wellenlängenbereich von 380 nm bis 760 nm. Fällt das weiße Licht (z. B. Sonnenlicht) gebündelt auf ein

2 Spektralfarben des weißen Lichts

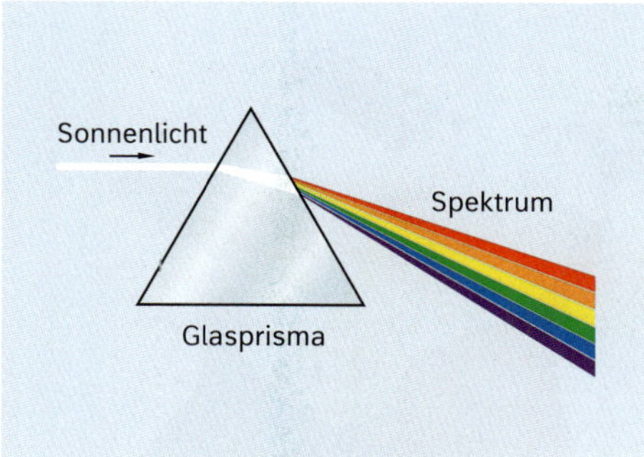

3 Prisma, Zerlegung des Lichts

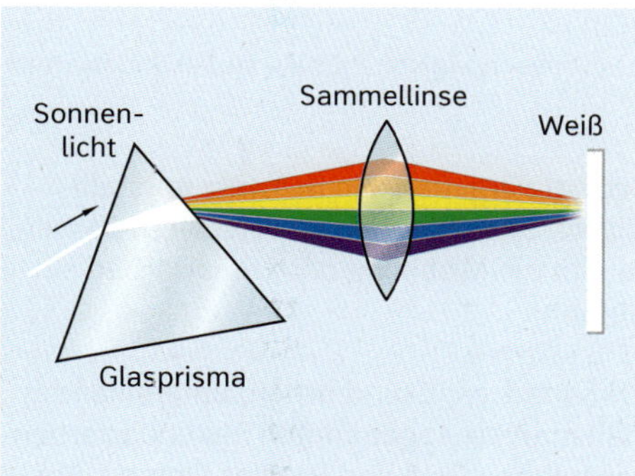

4 Zerlegung und Bündelung des weißen Lichts

Glasprisma, so wird es in die Regenbogenfarben, die Spektralfarben, zerlegt (Abb. 3).

Wird dieses Licht wieder gebündelt, so lässt es sich erneut zu weißem Licht addieren (zusammenfügen, Abb. 4).

Trifft das Licht auf einen glatten Gegenstand und wird vollständig zurückgeworfen (reflektiert), so erscheint der Gegenstand weiß (Abb. 5).

Wird das einfallende Licht von einem Körper vollständig verschluckt (absorbiert), sieht man den Körper schwarz (Abb. 6).

Werden unterschiedliche Anteile des Spektrums absorbiert, erscheint der Gegenstand in der zurückgestrahlten (reflektierten) Farbe des Spektrums (Abb. 7).

Ein blauer Körper verschluckt (absorbiert) also alle Farben des Spektrums mit der Ausnahme von Blau, es wird zurückgeworfen (reflektiert), woraufhin der Körper als blau wahrgenommen wird. Die Wahrnehmung der farbigen Umwelt beruht auf Reflexion (Zurückwerfen) und Absorption (Verschlucken) von Licht.

5 Reflexion

6 Absorption

7 Teilweise Reflexion

4.1.2 Farbmischungen

Die Farbenlehre unterscheidet zwei Arten der Farbmischung, die additive Farbmischung und die subtraktive Farbmischung.

Additive Farbmischung
Die additive Farbmischung bezieht sich auf das Mischen von farbigen Lichtern (Lichtfarben). So wie mit dem Prisma weißes Licht in seine Spektralfarben zerlegt werden kann, entsteht mithilfe von drei Scheinwerfern

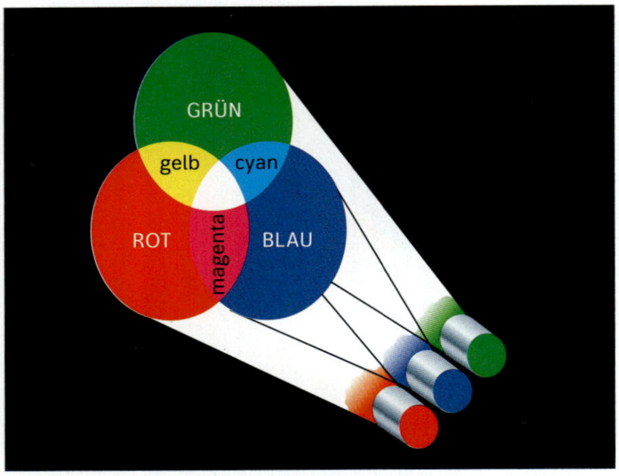

1 Additive Farbmischung mit farbigen Lichtern

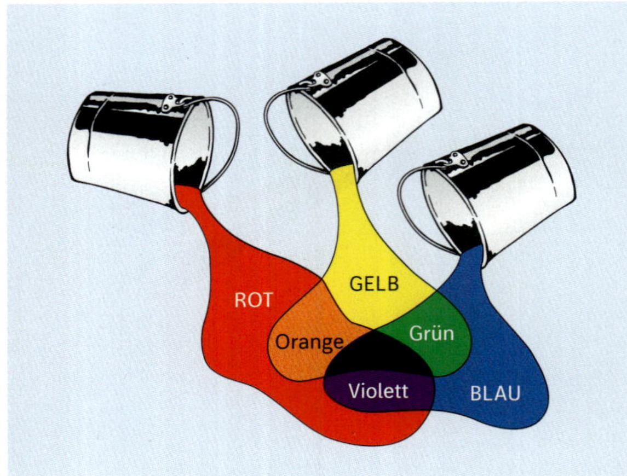

2 Subtraktive Farbmischung von Primär- zu Sekundärfarben

in den Grundfarben (Primärfarben) RGB: Rot (Rotorange), Grün, Blau (Blauviolett), in deren Summe wiederum weißes Licht. Hierbei werden die drei Grundfarben (Primärfarben) zu gleichen Teilen gemischt (→ Kap. 4.1.1, Spektralfarben). Fügt (addiert) man lediglich zwei primäre farbige Lichter zusammen, erhält man aus rotem und grünem Licht das Gelb. Rot und Blau addieren sich zu Magenta, blaues und grünes Licht wird zu Cyan (Abb. 1).

Die Farben, die sich beim Mischen der Primärfarben ergeben, nennt man Sekundärfarben (Zweitfarben). Beim Addieren von Lichtfarben nehmen die Helligkeiten der Farben zu.

Das additive Mischverfahren wird z.B. am Computer angewendet. Hierbei sind auf dem Monitor unterschiedliche Farben zu sehen, da sich verschiedene Leuchtstoffe mischen. Jeder Bildpunkt (Pixel) auf dem Bildschirm besteht aus drei unterschiedlichen Leuchtstoffen, die den drei RGB-Farben entsprechen und aus denen durch unterschiedliche Mischung alle Farben in diesem Pixel gemischt werden können.

Subtraktive Farbmischung
Die subtraktive Farbmischung beschäftigt sich mit dem Mischen von Körperfarben (Absorptionsfarben). Körperfarben entstehen beim Mischen von real vorhandenen Farben (aus dem Farbeimer, Farbkasten etc.). Die Farbigkeit eines Körpers hängt hierbei davon ab, welche Farbe des Lichtspektrums beim Auftreffen auf den Gegenstand reflektiert und welche absorbiert wird (Abb. 5–7). Gearbeitet wird mit Farbmitteln (Anstrichstoffen) in den Grundfarben (Primärfarben) CMY: Blau (Cyan), Rot (Magenta), Gelb (Yellow), die in ihrer Summe theoretisch Schwarz ergeben. Ein Schwarz entsteht allerdings lediglich beim Mischen von „idealen" Farben, in der Praxis ergibt die Mischung der Primärfarben ein dunkles Graubraun.

Werden die Primärfarben (Grundfarben) untereinander gemischt, erhält man die sogenannten Sekundärfarben (Abb. 2). Dabei ergeben Gelb und Rot das Orange, Rot und Blau das Violett, Blau und Gelb das Grün. Da Teile des Lichts bei der Farbmischung vom Gegenstand absorbiert werden, nehmen die Helligkeiten der Farben bei der subtraktiven Farbmischung, im Gegensatz zur additiven Farbmischung, ab.

Werden alle drei Primärfarben miteinander gemischt, entstehen Tertiärfarben (Drittfarben). Auch wenn die Mengenanteile der jeweiligen zugemischten Farbtöne unterschiedlich sein können, müssen hierbei immer alle drei Primärfarben beteiligt sein. Dadurch entsteht eine große Fülle an Grau-/Brauntönen.

Der Farbkreis
Die subtraktive Farbmischung von jeweils zwei Primärfarben ergibt die entsprechende Sekundärfarbe. Aus diesen insgesamt sechs Farben kann der 6-teilige Farbkreis erstellt werden (Abb. 3). In diesem Farbkreis liegen sich jeweils die komplementären Farben gegenüber. Komplementärfarben oder Gegenfarben ergänzen sich und ergeben in ihrer subtraktiven Mischung immer ein neutrales Grauschwarz bis Braun.

Der 12-teilige Farbkreis ergibt sich, indem mit Tertiärfarben nach Johannes Itten (s. Kap. 4.2.1) gearbeitet wird. Die Tertiärfarben nach Itten entstehen durch ein Mischverfahren, bei dem eine Primärfarbe mit der

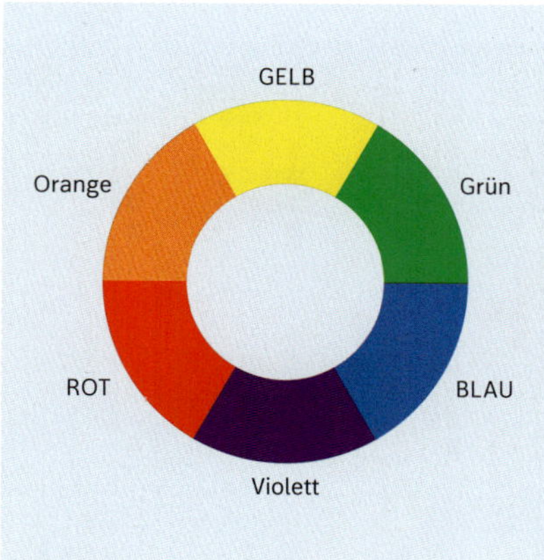

3 6-teiliger Farbkreis

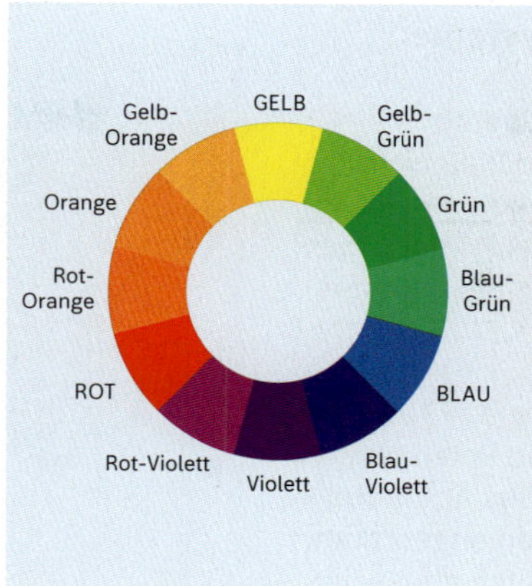

4 12-teiliger Farbkreis

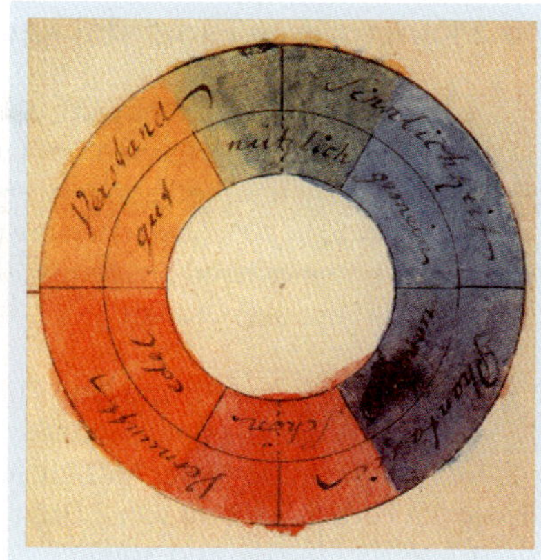

5 Farbkreis von Goethe

benachbarten Sekundärfarbe gemischt wird. Z. B. entsteht durch Mischung von Gelb und Orange das Gelborange, Gelb und Grün ergibt Gelbgrün.

Auch im 12-teiligen Farbkreis liegen die Komplementärfarben gegenüber (Abb. 4).

4.2 Farbordnungen, Farbordnungssysteme

Der Mensch ist in der Lage, ca. 10 Millionen verschiedene Farbtöne zu sehen. Um diese Farbtöne zu ordnen, wurde eine Vielzahl an Farbordnungssystemen entwickelt. Die wichtigsten und gebräuchlichsten werden nachfolgend aufgezeigt. Farbordnungssysteme dienen erstens der genauen Bestimmung von Farbtönen, zweitens beschreiben sie die Beziehungen zwischen den einzelnen Farbtönen (Buntfarben) und deren Ausmischungen zu Schwarz und Weiß (Unbuntfarben).

Zur Erklärung der Farbordnungssysteme müssen einige Fachbegriffe erläutert werden.

Der **Farbton** (Buntton [Hue]) bezeichnet den Namen der Farbe, z.B. Rot, Orange, Blau.

Die **Sättigung** (Intensität [chroma or saturation]) gibt den Grad der Buntheit, also die Reinheit der Farbe an.

Die **Helligkeit** (Hellbezugswert [lightness] Schwarz/Weißanteil [value or propotion of black/white]) bezieht sich auf die Menge des Lichts, die vom Farbton reflektiert wird.

Mit den Begriffen Farbton, Sättigung, Helligkeit kann jeder Farbton in seiner Nuance genau beschrieben werden.

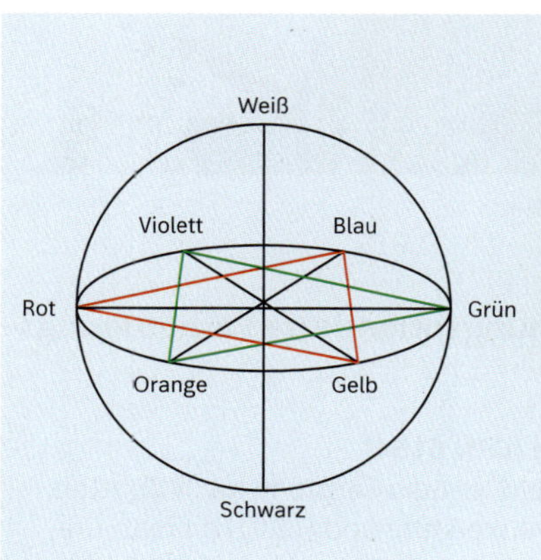

6 Farbdreiecke innerhalb der Farbkugel von Runge

7 Farbkugel von Runge

8 12-teiliger Farbkreis nach Itten

4.2.1 Konstruierte Farbordnungssysteme

Im Farbkreis von Johann Wolfgang von Goethe (1749–1832) werden die Farben Gelb und Blau nicht gegensätzlich angeordnet, sondern ergeben mit Rot ein Dreieck (Abb. 5, S. 101). Zwischen die drei Primärfarben setzt er die entsprechend ausgemischten Sekundärfarben: Grün, Violett und Orange.

Auf der Farbkugel von Philipp Otto Runge (1777–1810), die gleich einer Erdkugel mit Äquator und Polen aufgebaut ist, sind entlang der Mittellinie (des Äquators) die reinen Farben in Form von 2 Dreiecken angeordnet. Diese überlagern sich und ergeben dadurch ein Sechseck. Die Primärfarben bilden das eine Dreieck, die Sekundärfarben das zweite (Abb. 6, S. 101).

Die Pole der Kugel sind Schwarz und Weiß. Die reinen Farben werden zum einen untereinander und zum anderen mit Schwarz und Weiß ausgemischt. So entsteht in der Mitte der Kugel ein Grau, da sowohl die Mischung der reinen Farben (gebrochenen Farben), als auch Schwarz und Weiß in ihrer Mischung Grau ergeben (Abb. 7, S. 101).

Johannes Itten (1888–1967) entwickelte aus den Farben 1. Ordnung (Primärfarben) den 12-teiligen Farbkreis. In der Mitte des Kreises befindet sich ein gleichseitiges Dreieck, in dem Gelb in der oberen Ecke, Blau unten links und Rot unten rechts angeordnet wird. Über das Dreieck konstruierte Itten drei weitere Dreiecke, jeweils mit den ausgemischten Farben 2. Ordnung (Sekundärfarben). Auf diese Art und Weise steht über Rot und Blau das Violett, über Blau und Gelb das Grün und über Gelb und Rot das Orange. So entsteht ein konstruiertes Sechseck innerhalb des Kreises. Diese sechs Farben werden in den 12-teiligen Farbkreis übertragen, die freien Felder werden mit den ausgemischten Farben 3. Ordnung (Tertiärfarben) gefüllt (Abb. 8, S. 101).

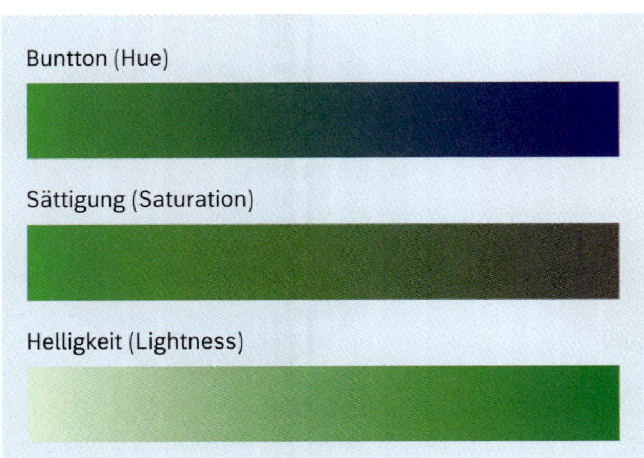

1 Beispiele für Buntton Sättigung Helligkeit

2 DIN-Farbtonkarte

3 Farbfächer für Maler

4.2.2 Wahrnehmungsorientierte Farbordnungssysteme

DIN-Farbtonkarte (DIN 6164)
Das DIN-Farbsystem legt die Farbtöne nach Buntton, Sättigungsstufe, Dunkelstufe und Helligkeit fest. Die Sättigungsstufe beginnt beim 24-teiligen DIN-Farbtonkreis mit S = 6 und endet im Unbuntpunkt mit S = 0. Die Dunkelstufe ist ein Maß für die Helligkeitsbeziehung zwischen den Farbtönen.

RAL-Classic
Das Deutsche Institut für Gütesicherung und Kennzeichnung e. V. (RAL, ehemals Reichsausschuss für Lieferbedingungen) hat ca. 210 Bunttöne in neun Farbreihen genormt. Im Farbregister RAL-840 HR für matte Farbtöne (Tab. 1) und im Farbregister RAL 841-GL für glänzende gibt die vierstellige Nummer den genauen Farbton an.
Das RAL Register beinhaltet Kennzeichnungs-, Sicherheits- und Signalfarben (Tab. 1, S. 104).

RAL-Design
Das RAL-Design-System ist ein Farbatlas mit ca. 1 700 genormten Farben innerhalb von 39 Bunttonbereichen. Die Farben werden, im Gegensatz zu RAL Classic, nicht mit willkürlich festgelegten Farbnummern versehen, sondern mit Buntton, Sättigung und Helligkeit beschrieben.

Tab. 1: Farbregister RAL 840 HR

1000er Reihe	23 gelbe Farbtöne
2000er Reihe	8 orange Farbtöne
3000er Reihe	19 rote Farbtöne
4000er Reihe	6 violette Farbtöne
5000er Reihe	19 blaue Farbtöne
6000er Reihe	28 grüne Farbtöne
7000er Reihe	29 graue Farbtöne
8000er Reihe	17 braune Farbtöne
9000er Reihe	8 weiße und schwarze Farbtöne, Aluminiumfarbtöne

Farbauswahlsysteme
Farbfächer bzw. Farbtabellen sind Farbauswahlsysteme, die aus den jeweiligen Farbtönen der Farbenhersteller bestehen. Die Auswahl der Farben ist nicht durch Normen festgelegt. Die Farbtöne werden häufig mit zusammengesetzten Fantasienamen bezeichnet z. B. Zitronengelb, Chilirot, Schlammgrau.

NCS (Natural Color System [natürliches Farbsystem])
Das NCS-System beschreibt die Farben auf natürliche Weise, so wie der Mensch sie sieht. Das Farbsystem geht von sechs Farben aus: Gelb (Y), Rot (R), Blau (B), Grün (G), Schwarz (S = Schwarzanteil) und Weiß (W = Weißanteil). Die Farben befinden sich an den sechs Ecken eines sogenannten Farbraumes, der in der Form eines Doppelkegels dargestellt wird (Abb. 5 und Abb. 2, Seite 104). Die vier Bunttonfarben bilden als Volltonfarben in Rot, Gelb, Blau und Grün auf dem Äquator des Doppelkegels einen Farbkreis (Abb. 1, Seite 104).

In den beiden Spitzen des Doppelkegels befinden sich Weiß (oben) und Schwarz (unten), wobei die Verbindung zwischen jeder der vier Grundfarben und den beiden unbunten Spitzen ein gleichseitiges Dreieck ergibt, in dem jede Farbe des NCS-Systems zu finden ist.

4 Farbfächer für Fahrzeuglackierer mit Farbcode des Herstellers

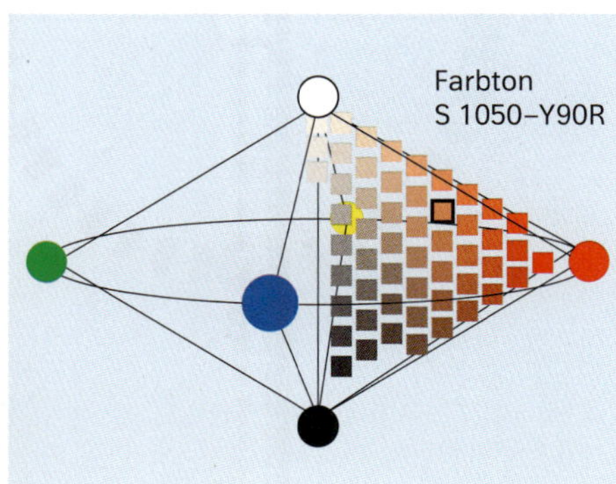

5 NCS-Farbraum

Tab. 1: Kennzeichnungsfarben aus dem Farbfächer RAL-F 14 nach DIN 2403

Kennzeichnungsfarbe	RAL-Nummer	Sicherheitshinweise
Signalrot	RAL 3001	Verbote, unmittelbare Gefahr, Notschalter, Feuerlösch-einrichtungen ...
Signalgelb	RAL 1003	Warnung vor Gefahrenstellen mit beweglichen Teilen, Explosionsgefahr, Radioaktivität
Signalblau	RAL 5005	Sicherheitsgebote, Verhaltensregeln, Veraltensmaßnah-men
Signalgrün	RAL 6032	Notausgänge, Rettungswege, Erste-Hilfe-Einrichtungen
Signalweiß	RAL 9003	In Kombination mit den Signalfarben wird die Wahrnehmungsfähigkeit der Zeichen erhöht.
Signalschwarz	RAL 9004	In Kombination mit den Signalfarben wird die Wahrnehmungsfähigkeit der Zeichen erhöht.

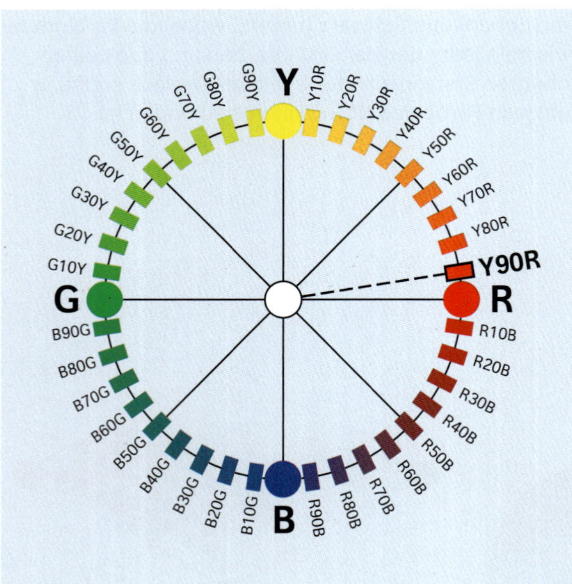

1 NCS-Farbkreis

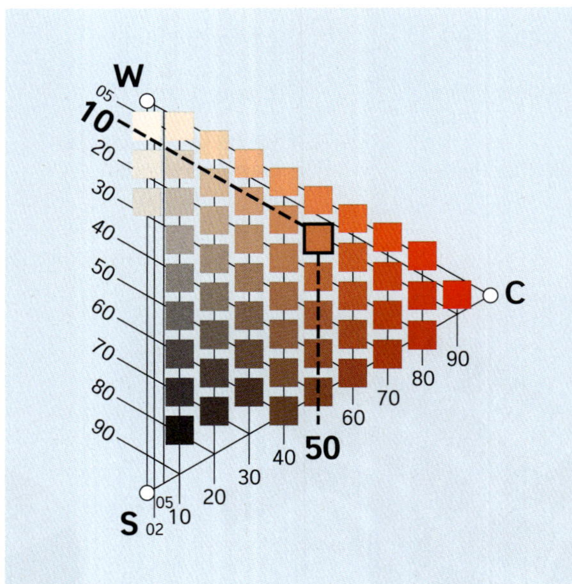

2 NCS-Farbdreieck

In vertikaler Richtung enthält das Farbdreieck Farben, deren Weißanteil nach oben und deren Schwarzanteil nach unten zunimmt. Die horizontale Richtung gibt die Farbanteile, die Intensität einer jeden Volltonfarbe an.

Innerhalb des Farbdreiecks kann die sogenannte Farbnuance genau definiert werden. Angegeben werden die Weiß-, Schwarz- und Farbanteile durch eine Codierung.

Beispiel einer NCS-Codierung

S 10 50 - Y 90 R bedeutet:

10 50 (Nuance)
10 = Schwarzanteil (S)
50 = Buntanteil (C)
S + C + W = 100 %, daraus ergibt sich ein Weißanteil (W) von 40 %

Y 90 R (Buntton)
Ein Gelb (Y) mit einem Rotanteil (R) von 90 %

S drückt lediglich aus, dass es sich um die zweite (second), die aktuelle Ausgabe des NCS-Systems handelt.

Die Codierung der Farbnuance ergibt sich aus der empfindungsgemäßen prozentualen Zusammensetzung des Weiß-, Schwarz- und Farbanteils, der in Summe immer 100 % ergibt.

Die Farben des Bunttonfarbkreises werden mit den jeweils benachbarten Farbtönen gemischt. Beispielsweise wird zum Blau immer mehr mit Grün hinzugemischt, bis über eine Vielzahl an blaugrünen Farbtönen letztlich ein reines Grün entstanden ist.

Die Codierung des Bunttons zeigt die prozentuale Zusammensetzung jeder Farbe. Aus dem NCS-Farbkreis ist ersichtlich, dass jeder Farbton höchstens aus zwei Buntfarben bestehen kann.

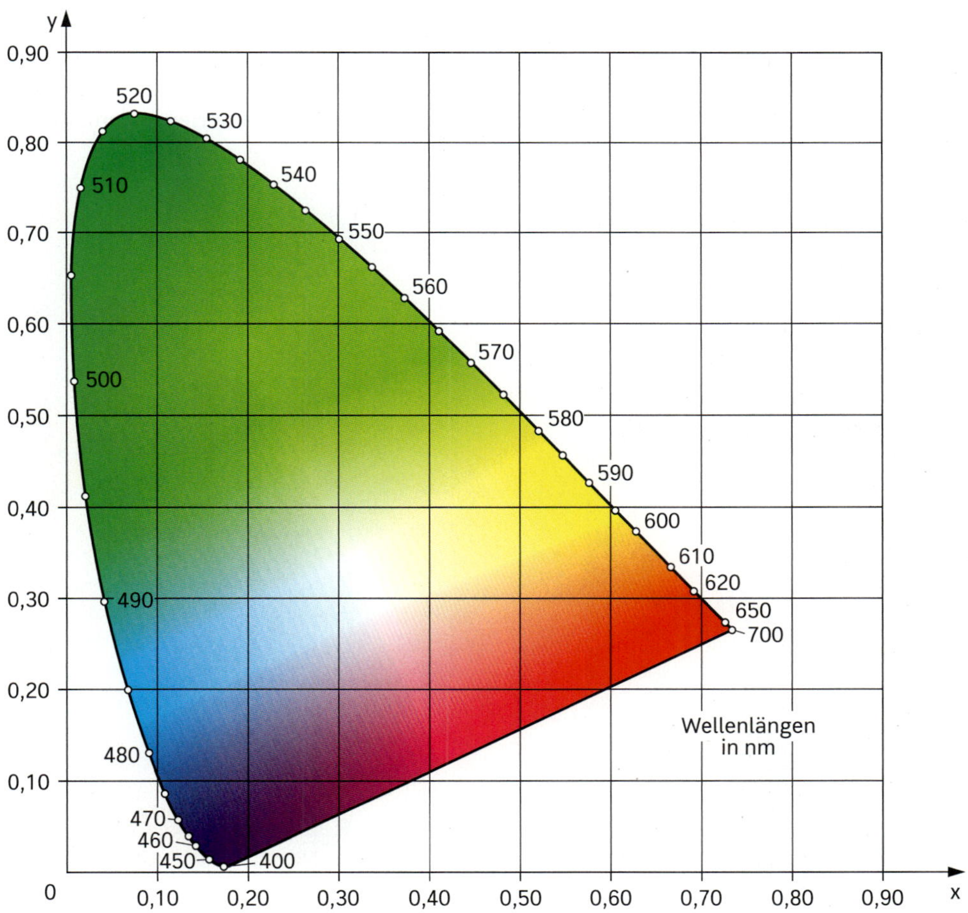

3 Normfarbtafel

4.2.3 Farbmaßsysteme

Farbmaßsysteme sind Farbordnungssysteme, die es ermöglichen, Farbtöne mit speziellen Geräten messbar zu machen. Die Bedingungen, unter denen Körperfarben mit diesen Geräten zu messen sind, wurden in der DIN 5033-Farbmessung festgelegt.

Normfarbtafel
Das bis heute am meisten verwendete Farbmaßsystem nach der DIN 5033 ist die CIE-Normfarbtafel von 1931 (CIE = Commission Internationale de l'Éclairage – Internationale Beleuchtungskommission). Gearbeitet wird nach dem Prinzip der additiven Farbmischung (→ 4.1.2), wobei die einzelnen Farbtöne in der Normfarbtafel festgelegt werden.

Der Farbtafel (Abb. 3, S. 105) liegen Farbeinschätzungen sehr vieler, normalsichtiger Personen zugrunde. Deren Beobachtungen wurden zu einem „Normalbeobachter" durch Mittelwertbildung zusammengefasst. Um diesen vom „Normalbeobachter" wahrgenommenen dreidimensionalen Farbraum übersichtlicher (nach Farbart) darstellen zu können, wurde von der CIE ein Rechenverfahren entwickelt. Dies verteilt die Farben auf einer hufeisenförmigen Kurve.

Die Gesamtheit möglicher Farben wird durch die das Hufeisen umgrenzende Spektralfarblinie (spektral reine Farben) sowie die untere Purpurlinie eingefasst.

Diese Fläche ist wiederum nur ein Schnitt durch einen Farbraum. Dieser erfasst zusätzlich die unbunten Anteile oberhalb und unterhalb der reinen Farbfläche.

4.3 Farbe und Lichtquelle

Lichtquellen beeinflussen den Farbeindruck. Das Auge nimmt Bunttöne bei unterschiedlicher Beleuchtung unterschiedlich wahr, da die Abstrahlung (Emission) der Lichtquellen unterschiedlich ist (Abb. 1–4). So überwiegt z. B. beim Sonnenlicht am frühen Vormittag und am späten Nachmittag das angenehme, rötliche Lichtspektrum. Mittags hingegen ist ein hoher Blauanteil im Lichtspektrum enthalten.

Das unterschiedliche Aussehen gleicher Farbtöne in Abhängigkeit von der spektralen Zusammensetzung der Lichtquelle wird **Metamerie** genannt. Aufgrund dieses

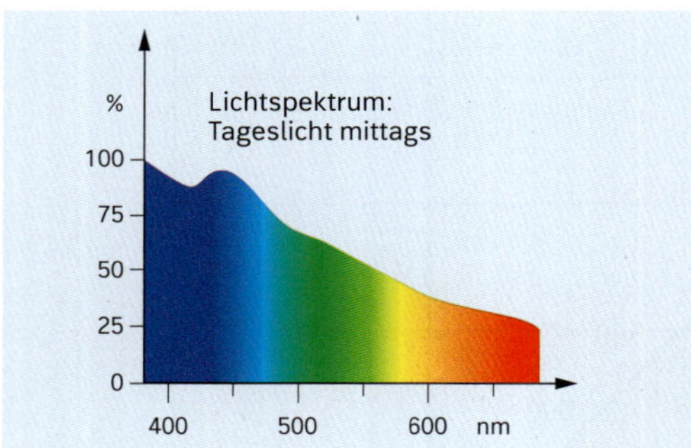

1 Tageslicht mittags

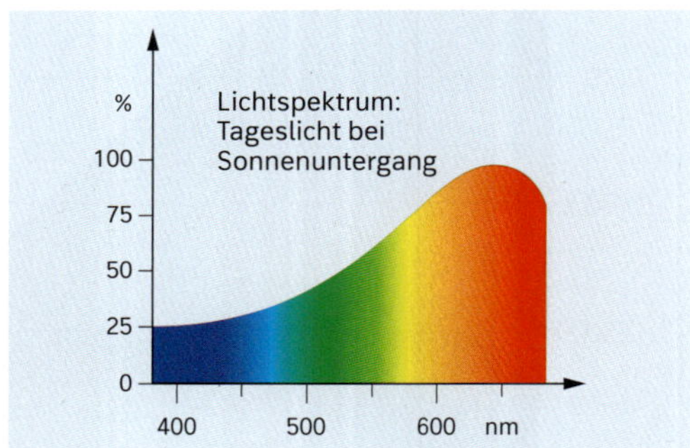

2 Tageslicht bei Sonnenuntergang

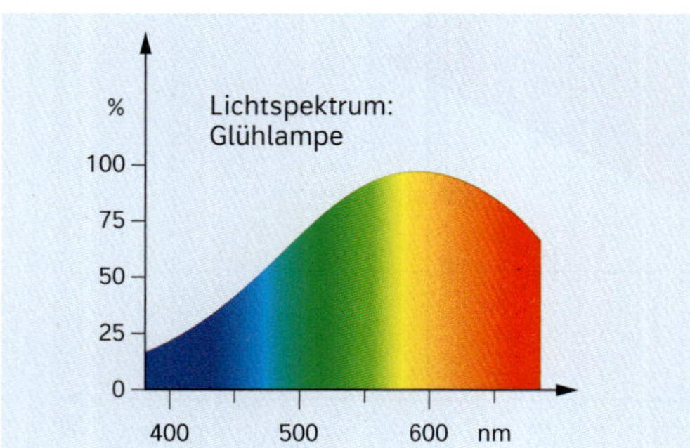

3 Glühlampe

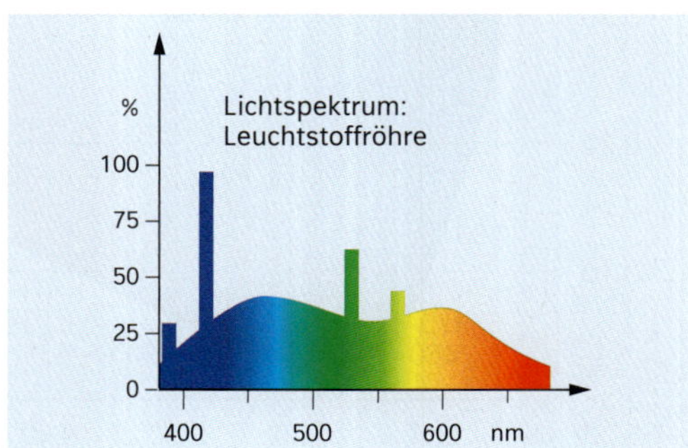

4 Leuchtstoffröhre

5 Raumbeleuchtung: LED-Licht, warmweiß

6 Raumbeleuchtung: Leuchtstofflampe, tageslichtweiß

7 Raumbeleuchtung: Halogenlampe, neutralweiß

Phänomens müssen die jeweiligen Lichtquellen mit den gewünschten Farbwirkungen bei jeder Farbplanung berücksichtigt werden (Abb. 5–7).

4.3.1 Lichtfarbe

Der unterschiedlich wahrgenommene Farbeindruck entsteht durch die Lichtfarbe. Sie bezieht sich auf das farbige Aussehen der Lichtquelle bei direkter Betrachtung. Die Lichtfarben werden in drei Gruppen aufgeteilt, denen entsprechende Farbtemperaturen in Kelvin (K) zugeordnet werden. Je höher dabei die Temperatur ist, desto weißer erscheint das Licht.

Das Licht mit der niedrigsten Farbtemperatur nennt man warmweißes Licht (ww), es erscheint gemütlich und behaglich. Darauf folgt das neutralweiße Licht (nw), das eine sachliche Stimmung erzeugt. Das Licht mit der höchsten Farbtemperatur ist das tageslichtweiße Licht (tw), das dem Tageslicht bei bewölktem Himmel entspricht und als sehr kalt empfunden wird (Tab. 1).

Tab. 1: Beispiele für Farbtemperaturen

Beispiele	Farbtemperatur (T_F)
Kerzenlicht	1 500 K
Lampe (warmweiß)	3 000 K
Sonnenaufgang/Sonnenuntergang	2 000–3 000 K
Halogenglühlampe	3 400 K
Lampe (neutralweiß)	4 000 K
Lampe (tageslichtweiß)	6 000 K
Mittagssonne	5 000 K
blauer Himmel	9 000–18 000 K

Das kalte tageslichtweiße Licht besitzt eine sehr gute Farbwiedergabe und ist für den Einsatz in Lackierereien, technischen Bereichen und an Arbeitsplätzen, die zur Farbkontrolle und zum Farbtonabgleich genutzt werden, geeignet. Neutralweißes Licht mit guter Farbwiedergabe wird meist in Bad, Küche, Flur, Verkaufsraum oder Büro eingesetzt. In einem behaglich wirkenden Raum sollten trotz schlechter Farbwiedergabe Leuchtkörper mit warmweißem Licht eingesetzt werden, die einen hohen Rotanteil des Lichts zurückwerfen (Abb. 1–4, Emissionsspektren).

4.3.2 Farbwiedergabeindex

Die Farbwiedergabe beschreibt die Fähigkeit der Lampe, die Körperfarben korrekt und unverzerrt wiederzugeben. Die Farbwiedergabe wird durch die spektrale

Verteilung des Lichtes, das Spektrum, beeinflusst. Der Farbwiedergabeindex (R_a) ist eine dimensionslose Zahl. Der höchste und damit beste zu erreichende Wert liegt bei $R_a = 100$. Das entspricht der ersten von vier Stufen. Die DIN 5035 unterteilt die Farbwiedergabe gemäß der Tabelle 1.

Tab. 1: Farbwiedergabestufen, DIN 5035

Farbwieder-gabestufe	Farbwiederga-beindex R_a	Farbwiedergabe-eigenschaft
1A 1B	≥ 90 80 ... 89	sehr gut
2A 2B	70 ... 79 60 ... 69	gut
3	40 ... 59	genügend
4	20 ... 39	ungenügend

Die korrekte Farbwiedergabe bei künstlichem Licht ist bei der Betrachtung von Gegenständen sehr wichtig. Die unterschiedlichen Farbwiedergabeeigenschaften von Lampen führen auch bei gleicher Lichtfarbe zu unterschiedlich wahrgenommenen Farbtönen. Befindet sich z. B. in dem Spektrum einer Lichtquelle wenig Rot, so können die roten Körperfarben auch nur verfälscht wiedergegeben werden (Abb. 1).

4.3.3 Direkt- und Reflexblendung

Zusätzlich zur Lichtfarbe und zur Farbwiedergabe sollte auf eine blendfreie Farbgestaltung geachtet werden.

Die **Direktblendung** ist eine Blendung, die unmittelbar durch Leuchten oder leuchtende Flächen hervorgerufen wird. Um eine Blendung zu umgehen, müssen Lampen abgeschirmt werden.

Eine **Reflexblendung** wird verursacht, wenn das Licht von z. B. Lampen, Leuchten oder Fenstern an spiegelnden oder glänzenden Oberflächen reflektiert wird.

Zur Vermeidung von Reflexblendung sollten helle Oberflächen, in denen sich das Licht spiegeln kann, matt oder entspiegelt gestaltet werden.

1 Unterschiedliche Farbwiedergabeeigenschaft: auf der rechten Seite des Fahrzeugs ist nur wenig Rot im Spektrum der Lichtquelle vorhanden

4.4 Farbe als Gestaltungsmittel

Bei der Farbgestaltung von Innen- und Außenräumen ist es für den Handwerker von großer Bedeutung, den richtigen Farbton für den entsprechenden Einsatz zu wählen. Farben bestimmen in hohem Maße die Wirkung von Räumen und deren Einrichtungsgegenständen. Mithilfe von Farben werden die Stimmung und der Charakter eines Raums beeinflusst. Ein Raum kann z. B. eine ruhige, anregende oder heitere Wirkung ausüben. Farben üben derart starke Reize auf den Menschen aus, dass Körperfunktionen, z. B. Blutdruck und Puls, beeinflusst werden können. Damit die Bewohner sich in ihrer Umgebung wohl fühlen, ist es notwendig, die Farbwirkungen im Einzelnen und in der Kombination mehrerer Farbtöne zu kennen.

4.4.1 Farbpsychologie

Die Farbpsychologie beschäftigt sich mit den Gefühlen und Stimmungen, die bestimmte Farben hervorrufen. Obwohl die Farbwirkungen auf den Einzelnen je nach Geschlecht, Alter und sozialem Umfeld unterschiedlich sein können, ergeben sich für unseren Kulturkreis allgemeingültige Farbbevorzugungen.

Farbtöne besitzen zum einen symbolische Bedeutungen. So kann Rot mit Blut, Feuer und Leidenschaft in Verbindung gebracht werden. Zum anderen werden mit bestimmten Farben spezielle Gefühle verbunden (assoziiert). Blau z. B. ruft die Assoziation von Himmel, Meer und Weite hervor. Des Weiteren beeinflussen Farbtöne die Stimmungen des Menschen. Die Farbe Gelb wirkt jugendlich und strahlend und ruft dadurch eine fröhliche Stimmung hervor. In Tabelle 2 werden die wichtigsten Farbtöne, deren symbolische Bedeutung in unserem Kulturkreis und ihr Einfluss auf das Gemüt beispielhaft aufgeführt.

Tab. 2: Farbwirkungen, Beispiele

Farbtonbereiche	Symbolik, Assoziation	Einfluss auf die Stimmung
Rot	Liebe, Feuer, Aktivität, Leidenschaft, Blut	aktivierend, erregend, mächtig, kraftvoll, erotisch, laut
Gelb	Sonne, Sommer, frisches Licht, Neid, Eifersucht, Krankheit	lebhaft, heiter, jung, anregend, strahlend, oberflächlich
Blau	Himmel, Meer, Ruhe, Kälte, Ferne, Treue, Vertrauen, Friede	ernst, fest, beruhigend, frisch, sauber
Blaugrün	Eis, Wasser, Kälte, Starre, Sachlichkeit, Distanz	kühl, frisch, technisch, zurückhaltend
Orange	Energie, Wärme, Freude, Sonnenglut	lebendig, mitteilsam, belebend, wärmend
Grün	Natur, Frühling, Fruchtbarkeit, Hoffnung, Sicherheit, Normalität	natürlich, beruhigend, frisch, friedlich, schlicht
Violett	Glaube, Mystik, Alter, Schatten, Depression	magisch, feierlich, zwiespältig, melancholisch
Rotviolett (Purpur)	Würde, Reichtum, Königlichkeit, Reife, Alter	festlich, feierlich, würdevoll, prachtvoll
Braun	Erde, Bequemlichkeit, Anpassung, Schwere	behäbig, passiv, robust, beständig
Weiß	Schnee, Kälte, Reinheit, Unschuld, Vollkommenheit, Friede, Verletzlichkeit	unnahbar, steril, zeitlos, schwebend, feierlich
Grau	Intelligenz, Neutralität, Würde, Sachlichkeit, Langeweile, Verfall	vornehm, unauffällig, seriös, gedämpft, zeitlos
Schwarz	Unheil, Trauer, Tod, Angst, Nacht, Böses, Stabilität	ernst, traurig, negativ, finster, schwer, seriös

1 Farbe-an-sich-Kontrast

2 Hell-Dunkel-Kontrast

3 Kalt-Warm-Kontrast

4.4.2 Farbkontraste

Um Objekte oder Oberflächen mithilfe eines Farbplanes wirkungsvoll zu gestalten, eignet sich eine Anordnung von Kontrasten. Von Kontrast spricht man, wenn zwischen zwei zu vergleichenden Farbwirkungen deutliche Unterschiede oder Intervalle festzustellen sind. Das Anfertigen einer kontrastreichen Farbgestaltung kann durch Anwendung eines der Farbkontraste nach J. Itten erfolgen. Die Tabelle 1 führt die Farbkontraste nach Itten auf.

Tab. 1: Farbkontraste nach J. Itten

Farbe-an-sich-Kontrast
Hell–Dunkel-Kontrast
Kalt–Warm-Kontrast
Komplementärkontrast
Qualitätskontrast
Quantitätskontrast (Proportionskontrast)
Simultan/Sukzessivkontrast

Farbe-an-sich-Kontrast
Der Farbe-an-sich-Kontrast ist der einfachste Kontrast, es wirken lediglich nebeneinander gestellte reine Farben. Der stärkste Farbe-an-sich-Kontrast entsteht bei der Gestaltung mit Primärfarben. Die Wirkung des Kontrastes ist sehr auffällig, kraftvoll und bunt. Durch Verwendung von Sekundär- und Tertiärfarben verringert sich die Wirkung.

Hell-Dunkel-Kontrast
Der Hell–Dunkel-Kontrast ist der wichtigste Kontrast für die Gestaltung, da die Verwendung des Kontrasts immer eine harmonische Wirkung erzielt. Schwarz und Weiß bilden den stärksten Kontrast bei den unbunten Farben, die Komplementärfarben Gelb und Violett bei den bunten.
Je näher die Farben im Farbkreis zusammenliegen, desto abgeschwächter wird die Wirkung des Hell-Dunkel-Kontrastes. Durch den Einsatz von hellen, strahlenden, in Kombination mit dunklen, in den Hintergrund tretenden Farbtönen entsteht eine verstärkte räumliche Wirkung. Werden kleine, enge Räume mit hellen Wandfarben gestrichen, so wirken die Zimmer größer.

Kalt-Warm-Kontrast
Eine Farbgestaltung mit dem Kalt-Warm-Kontrast ruft starke, meist entgegengesetzte Eindrücke hervor (z. B. Sommer und Winter, Licht und Schatten, Ruhe und

Erregung). Wird ein Raum in warmen Farbtönen gestrichen, so wird er bis zu 3 Grad wärmer empfunden als derselbe Raum in kalten Farbtönen. Obwohl die Farbempfindungen beim Menschen unterschiedlich sind, sind die Ansichten über warme und kalte Farben gleich. Blaugrün wird als die kälteste Farbe im Farbkreis angesehen, die komplementäre Farbe Rotorange als wärmste. Je enger zwei Farben im Farbkreis beieinanderliegen, desto geringer fällt der Kalt-Warm-Kontrast aus. Da warme Farben sich in den Vordergrund drängen, während kalte in den Hintergrund treten, wird bei einer Gestaltung mit kalten und warmen Farben die räumliche Wirkung vertieft. Ein kalter Deckenfarbton lässt selbst einen niedrigen Raum höher erscheinen.

4 Komplementärkontrast

Komplementärkontrast
Einen Komplementärkontrast bilden alle Farben, die sich im zwölfteiligen Farbkreis gegenüberstehen und die in ihrer Mischung als Körperfarbe ein neutrales Grau ergeben. Alle komplementären Farbenpaare bilden die größte Verschiedenheit innerhalb der Bunttöne und steigern sich dadurch zur höchsten Leuchtkraft. Komplementärfarbe bedeutet Ergänzungsfarbe, das heißt, die jeweiligen Farben ergänzen sich. Sie ergeben ein vollkommenes Gleichgewicht und bilden immer einen harmonischen Zweiklang. Achtung ist bei der Gestaltung mit Farben gleicher Helligkeit (Rot und Grün) geboten, es entstehen so starke Spannungen, dass ein Flimmereffekt vor dem Auge entsteht.

5 Qualitätskontrast

Qualitätskontrast
Die Spannung des Qualitätskontrastes entsteht durch die Kombination zwischen reinen (gesättigten) und gebrochenen (ungesättigten) Farben. Je größer die Sättigungsdifferenz ist, desto stärker erscheint der Kontrast, wobei die Farbintensität der reinen Farbe unterstrichen wird. Die gesättigten Farben wirken in einer Gestaltung immer nach vorne, wohingegen die ungesättigten nach hinten treten. Reine Farben wer den in ihrer Leuchtkraft (Sättigung) reduziert, durch Zugabe von Schwarz, Weiß, Grau oder ihrer Komplementärfarbe.

Der Quantitätskontrast (Proportionskontrast)
Der Quantitätskontrast (Proportionskontrast) beschäftigt sich mit den Größenverhältnissen von Farbflächen zueinander. Die Wirkung des Kontrasts wird durch die Leuchtkraft und die Flächengröße der verwendeten Farbe bestimmt. Jeder Farbton besitzt eine eigene Leuchtkraft, den sogenannten Lichtwert. Um die Leuchtkraft (Lichtwert) der einzelnen Farben festzustellen, werden diese vor einem neutralen grauen Hintergrund miteinander verglichen.

Dabei ergeben sich Zahlenwerte, die bereits Goethe festgehalten hat.

Tab. 2: Goethes Lichtwerte:

Gelb : Orange : Rot : Violett : Blau : Grün	
9 : 8 : 6 : 3 : 4 : 6	

Aus der Tabelle 2 ergibt sich, dass Gelb z. B. dreimal so stark leuchtet wie Violett, also im Verhältnis 9 : 3. Soll eine violette Fläche gegenüber dem Gelb gleichwertig wirken, muss das Violett in einer dreimal so großen Fläche vorliegen.

Wird beispielsweise mit zwei gleich großen Farbflächen nebeneinander gestaltet, tritt die Fläche mit der größeren Leuchtkraft in den Vordergrund. Ein Orange würde in Kombination mit Blau nach vorne, das Blau in den Hintergrund treten.

Möchte man eine harmonische, gleichwertige Farbgestaltung vornehmen, müssen die Lichtwerte in Flächengrößen verwandelt werden. Dabei werden die Lichtwerte umgetauscht (siehe Abb. 1).
Bei der Verwendung von Primär- und Sekundärfarben ergeben die Flächengrößen der entsprechenden Komplementärfarben in ihrer Addition immer die Summe 12.

Gelb + Violett = 3 + 9 = 12
Blau + Orange = 8 + 4 = 12
Rot + Grün = 6 + 6 = 12

Um eine ausdrucksstarke, spannungsreiche Gestaltung zu erzielen, müssen die Größenverhältnisse verändert werden. Setzt man eine Farbe mit einem hohen Lichtwert nur punktuell, in ganz kleiner Fläche ein, so tritt diese Fläche intensiv in den Vordergrund, sie hat Signalwirkung erhalten (Abb. 2).

Simultankontrast/Sukzessivkontrast
Simultan und sukzessiv erzeugte Farben und Helligkeitseindrücke sind reine Sinnesempfindungen. Dennoch können sie in der Gestaltung von Bedeutung sein, da sie die Wahrnehmung einer Gestaltung oder die Lesbarkeit eines Schriftzuges verstärken oder vermindern können.

Der **Simultankontrast** besagt zum einen, dass das Auge zu einer Farbe gleichzeitig (simultan) die Ergänzungsfarbe (Komplementärfarbe) erzeugt. Deshalb erscheinen graue Flächen, die neben oder auf farbigen Flächen stehen, in der Komplementärfarbe der angrenzenden Farbe. Wird z. B. ein intensiv gelbes Motiv auf eine graue Wand gemalt, so erscheint das Grau leicht violett. Ebenso würde beispielsweise eine blaue Bordüre die graue Wandfläche schwach orange erscheinen lassen (Abb. 3 und 4).

Der Simultankontrast bewirkt durch dieses Phänomen eine Kontraststeigerung, also eine empfundene Steigerung der Farbintensität.
Sollen simultane Eindrücke vermieden werden, so muss mit Farbtönen in unterschiedlicher Helligkeit bzw. Sättigung gearbeitet oder der bunten Farbe geringe Mengen der entsprechenden Komplementärfarbe beigemischt werden.

Zum anderen sagt der Simultankontrast aus, dass das Auge zu jeder Helligkeit eine entgegensetzte Helligkeit hervorruft. Das bedeutet, dass beispielsweise eine intensiv farbige Motivgestaltung auf einer weißen Wand dunkler wirkt, als auf einer dunkel gestrichenen (Abb. 5 und 6).

Sukzessive Erscheinungen sind farbige Nachbilder. Sie erscheinen in komplementären Farben beziehungsweise in entgegengesetzten Helligkeiten. Zu beobachten ist dieses Phänomen sowohl auf andersfarbigen Flächen als auch vor den geschlossenen Augen.

1 Harmonische Flächengrößen

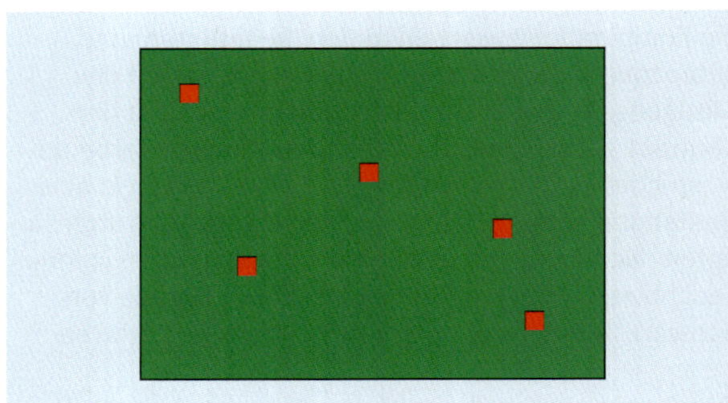

2 Farbtonflächen in der Minderheit

3 Simultankontrast komplementärer Farbton

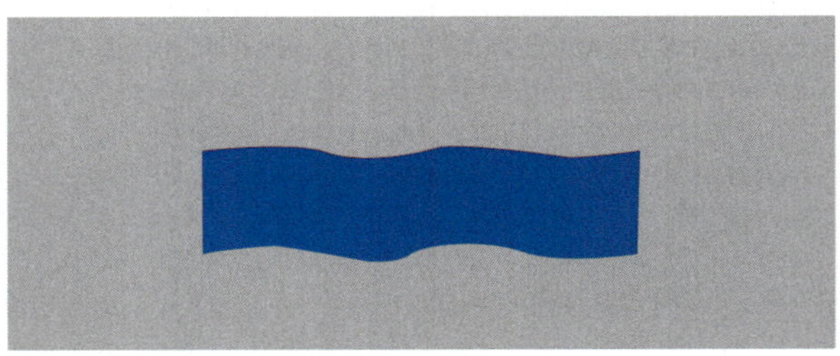

4 Simultankontrast komplementärer Farbton

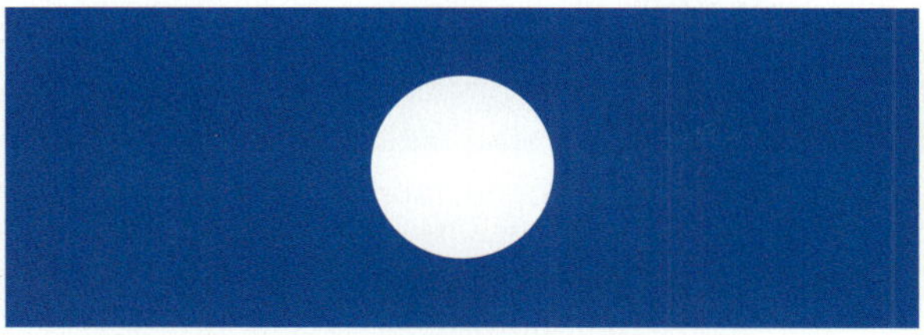

5 Simultankontrast entgegensetzte Helligkeit

6 Simultankontrast entgegensetzte Helligkeit

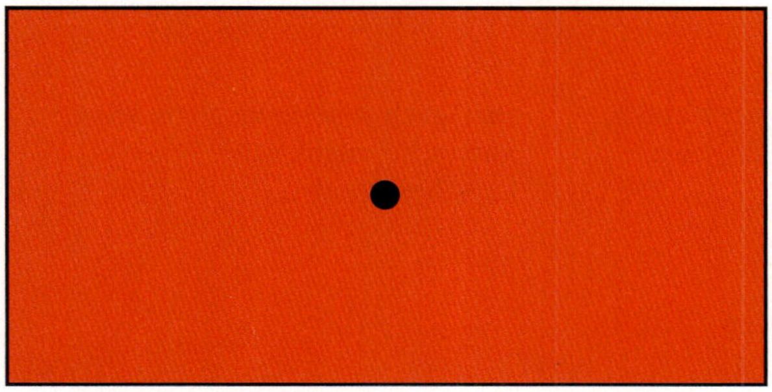

7 Sukzessive Farbigkeit

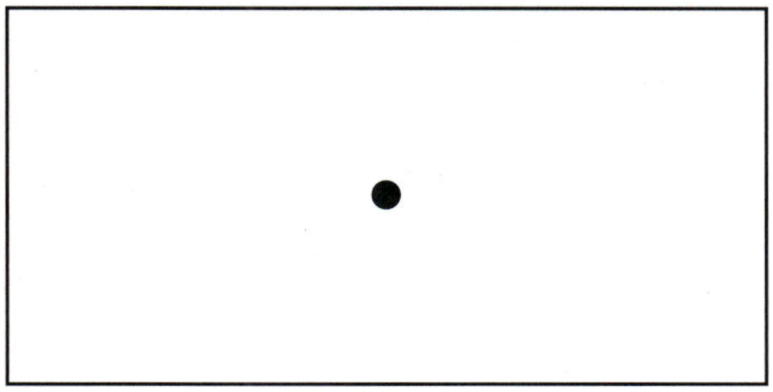

8 Sukzessive Farbigkeit

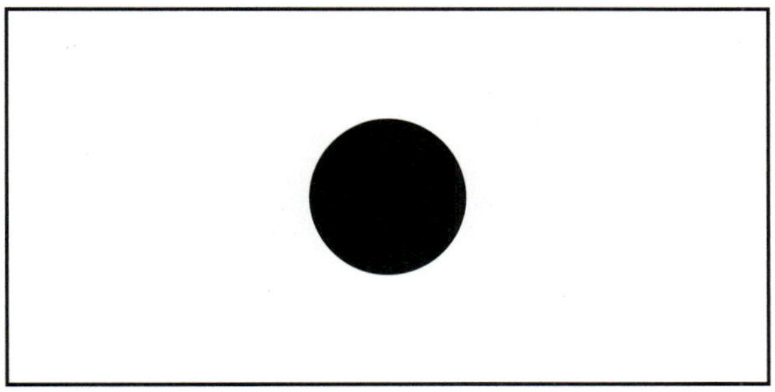

9 Sukzessive Helligkeit

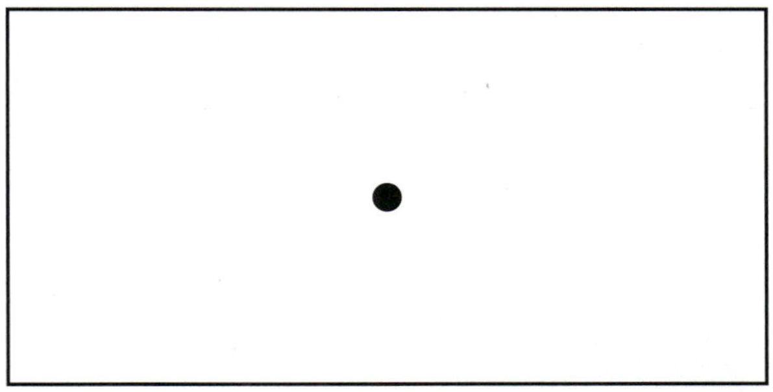

10 Sukzessive Helligkeit

Betrachtet man z. B. einige Sekunden lang ein rotes Quadrat und schaut anschließend sofort auf eine weiße Fläche, so entsteht dem Anschein nach ein hellgrünes Quadrat auf der weißen Fläche (Abb. 7 und 8).

Betrachtet man einige Zeit lang den schwarzen Kreis aus Abbildung 9 und fixiert danach sofort den Punkt in Abbildung 10, so taucht im weißen Quadrat ein noch hellerer Kreis als sukzessive Helligkeitserscheinung auf.

Sukzessive Nachbilder entstehen bevorzugt und besonders stark ausgeprägt bei der Verwendung reiner, ungebrochener Farben. Zu beobachten sind diese Erscheinungen jedoch auch beim Gestalten mit getrübten oder aufgehellten Farben.

Sollen Nachbilder unterbleiben, kann zum einen der Helligkeitskontrast zwischen den dargestellten Flächen verringert werden. Zum anderen wird der simultane Effekt vermindert, wenn gebrochene Farbtöne zum Einsatz kommen.

4.4.3 Materialwirkungen

Um eine Gestaltungsidee vollständig wirken zu lassen, muss zusätzlich zur Farbton- und Kontrastwahl die Wirkung des eingesetzten Materials beachtet werden. Die Oberflächenbeschaffenheit, ob glänzend, matt oder rau, prägt den Ausdruck einer Raumgestaltung entscheidend mit.
Eine Möglichkeit der Gestaltung ist es, die Raumstimmung zu unterstützen und zusätzlich zu verstärken. In diesem Fall werden die Farbgebung und der Farbkontrast der bereits vorhandenen Materialien aufgegriffen. Alternativ können bewusst Gegensätze gebildet werden. Durch den Kontrast von Farbton und Material, z. B. hell/matt-dunkel/matt oder mattglänzend, entsteht eine spannungsreiche Atmosphäre im Raum.

Die Tabelle auf der folgenden Seite zeigt Materialbeispiele und deren Oberfläche mit der Wirkung, die sich beim Einsatz ergibt.

Tab. 1: Materialwirkungen

Oberfläche	Materialbeispiele	Wirkung
Gegliedert, strukturiert 	Mauerwerk, Naturstein, Gewebe, Parkett	Belebend, raumgliedernd, auffällig, deutliche Hervorhebung der Struktur durch seitlich einfallendes Licht Streiflicht. Diffuse oder direkte Lichteinstrahlung mindern die Struktur.
Rau, körnig 	Raufaser, Naturwerkstofftapete, Putzflächen, Ton, Stein, Holz, Wildleder	Behaglich, wärmend, angenehm, gemütlich, rustikal; Licht brechend
Hochglänzend 	Spiegelflächen, Metalltapeten, Metall, Lack, Glattleder, Fliesen, Glas, Parkett, Beschichtungsstoffe	Edel, kalt, sauber, auffällig, luxuriös, modern; Licht reflektierend
Mattglänzend 	Seidentapeten, Keramik, Textilien, Laminat, weiche Bodenbeläge, Beschichtungsstoffe	Zurückhaltend, tritt in den Hintergrund, bescheiden bis ausdruckslos, farblos, leicht wärmend
Hell (matt) 	Gewebe, Leder, Keramik, Bodenbeläge (Kork, Linoleum ...), Beschichtungsstoffe in hellen Farbtönen.	Schlicht, dezent, tritt nicht in den Vordergrund; Raum weitend
Dunkel (matt) 	Gewebe, Leder, Keramik, Bodenbeläge (Kork, Linoleum ...), Beschichtungsstoffe in dunklen Farbtönen.	Behaglich, wärmend, manchmal düster; Raum engend

4.5 Gestaltungsgrundlagen

Der Gesamteindruck einer Fläche wird nicht nur durch Farbtöne, sondern auch durch das Gestaltungselement „Form“ bestimmt. Formen schaffen Übersichtlichkeit für das Auge. Sie helfen, zu ordnen oder zu unterteilen. So können beispielsweise großflächige Objekte mithilfe von geschickten Formengestaltungen optisch verkleinert werden. Auch die Wiedererkennbarkeit z.B. von Logos kann durch eine klar gegliedert Form erhöht werden.

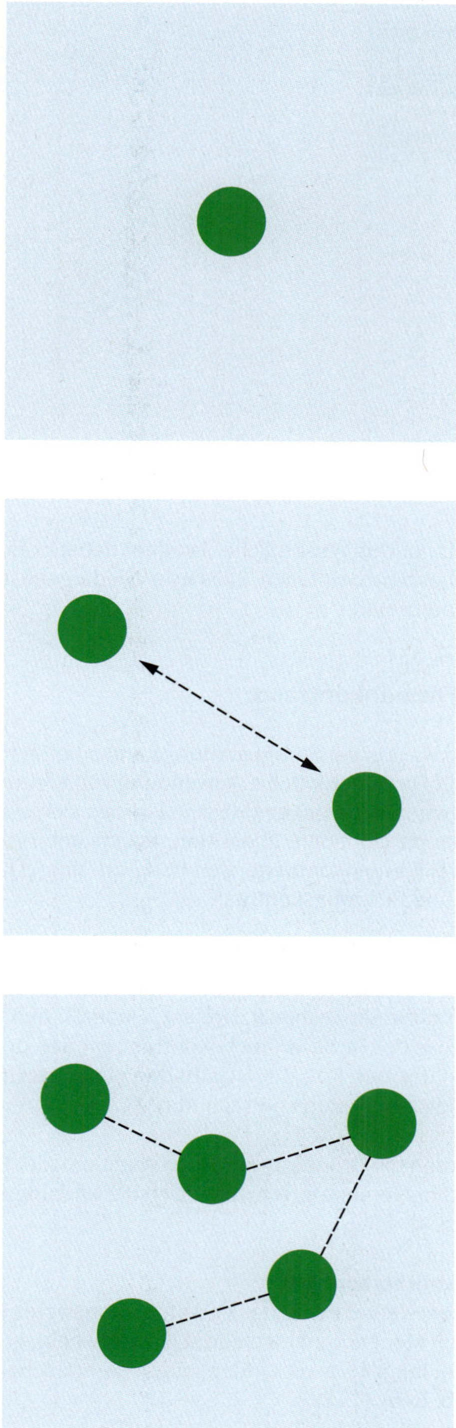

1 bis **3** Gestaltungselement Punkt

4.5.1 Gestaltungselemente Punkt, Linie und Fläche

Im Wesentlichen sind die Gestaltungselemente auf die drei Grundformen Punkt, Linie und Fläche in der zweidimensionalen Gestaltung zurückzuführen.

Formenwirkungen

Der **Punkt** ist die kleinste, einfachste Gestaltungsform. Er zieht den Blick sofort auf sich. Der Punkt wirkt immer statisch fest und ist niemals richtungsweisend (Abb. 1).

Bei einer Gestaltung mit zwei Punkten wirken diese zusammen. Die Punkte stehen in einer engen Beziehung, da das Auge zwischen den Punkten hin und her wandert (Abb. 2).

Beim Einsatz von mehr als zwei Punkten ergibt sich eine Richtung, weil eine imaginäre Linie entsteht. Durch die imaginären optischen Linien wirken mehrere Punkte in ihrer Gesamtheit zusammen (Abb. 3).

Die **Linie** ist, im Gegensatz zum festen Punkt, immer richtungsweisend. Die Linien werden in geometrische (waagerechte, senkrechte, diagonale, gebogene) und organische (freie Linien, die sich aus den Formen der Natur ableiten) unterteilt.

- Die **waagerechten (horizontalen) Linien** vermitteln immer den Eindruck von Stabilität, Ferne, Distanz, Weite und Kälte, da sie an den Horizont erinnern.
- **Die senkrechten (vertikalen) Linien** stehen optisch dichter vor dem Betrachter. Sie sind statisch weniger stabil und erwecken das Gefühl von Nähe und Wärme, weil sie wie aufstrebendes Feuer wirken.
- **Die Diagonale** steht in ihrer Wirkung zwischen der Waagerechten und der Senkrechten, sie hat somit etwas von Nähe und von Distanz und wirkt immer harmonisch in einer Gestaltung.

1 Waagerechte Gestaltung in Rechtecken

2 Diagonale Gestaltung in Dreiecken

- Geometrisch **konstruierte Kurven**, wie Halbkreis- und Spitzbögen, wirken lebendig und können im Übermaß zu Unruhe in der Gesamtform führen.

- **Organische, frei geschwungene Linien**, wie Blätter, die man in der Natur findet, werden immer vor streng geometrischen wahrgenommen. Sie bringen Bewegung ins Bild und benötigen, um harmonisch zu wirken, einen Ausgleich in Form von senkrechten oder waagerechten Linien.

Die **Fläche** hat zwei Dimensionen. Sie dehnt sich in Länge und Breite aus. Flächen werden in geometrische Formen wie Dreieck oder Rechteck und in organische, z. B. Kristall oder Blattformen, unterteilt.

Alle Flächen lassen sich auf die drei „Urformen" (Dreieck, Quadrat, Kreis) zurückführen. In der Gestaltung mit Flächen sollte möglichst nur mit den Grundformen gearbeitet werden, da einfache, stilisierte Formen am leichtesten verstanden und behalten werden.

- Eine gestalterische Anordnung mit **Quadraten** wirkt harmonisch, kann aber schnell langweilig werden (Abb. 1).

- **Dreiecke** sind in einer Komposition dominant. Durch eine nach oben zeigende Spitze entsteht eine starke Aufwärtsbewegung (Abb. 2).

- Der **Kreis** als Zeichen der vollkommenen Geschlossenheit ist harmonisch und zugleich spannungsgeladen. Kreise können problemlos mit jeder anderen Gestaltungsform kombiniert werden.

- Bei der Verwendung von **organischen Flächen** sollten diese nicht realistisch abgebildet werden. Man stellt nur das Wesentliche dar, geht dabei in eine flächenhafte, einfache, stilisierte Wiedergabe in den Grundformen.

4.5.2 Formenkontraste

Ebenso wie bei der Farbgestaltung kann eine Gestaltung mit Formen durch die Anwendung von Kontrasten belebt werden, da gegensätzliche Formen sich stärker voneinander abheben. In der Hauptsache unterscheidet man drei Formenkontraste, den Form-an-sich-, Quantitäts- und Richtungskontrast.

- **Form-an-sich-Kontrast**
  Bei dem Form-an-sich-Kontrast bilden die drei Grundformen Rechteck, Dreieck, Quadrat (ähnlich wie der Farbe-an-sich-Kontrast mit den drei Primärfarben Rot, Blau, Gelb) den einfachsten und zugleich stärksten Kontrast (Abb. 3).

  Werden die Grundformen durch Addition oder Subtraktion verändert, schwächt sich die Wirkung ab (Abb. 4).

- **Quantitätskontrast**
  Bei der Verwendung des Quantitätskontrastes beleben Mengenunterschiede, z. B. viel/wenig, groß/klein, lang/kurz, dick/dünn, die Gesamterscheinung (Abb. 5–6).

- **Richtungskontrast**
  Richtungskontrast kann sich auf den Unterschied von horizontal und vertikal beziehen, also auf eine Gestaltung mit waagerechten und senkrechten Formen (Abb. 7) oder auch auf diagonal angeordnete Strömung und Gegenströmung (Abb. 8).

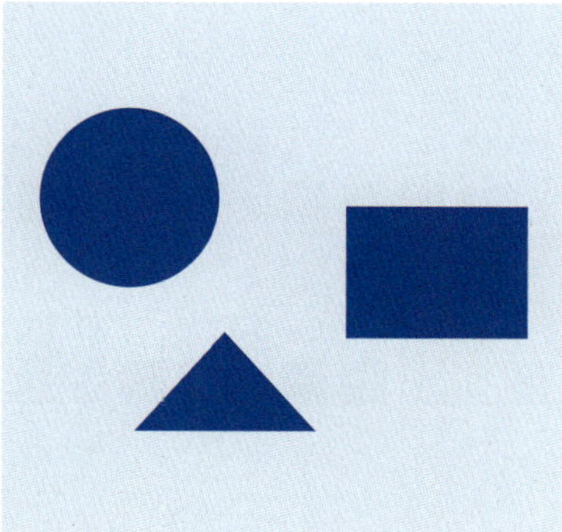
3 Form-an-sich-Kontrast

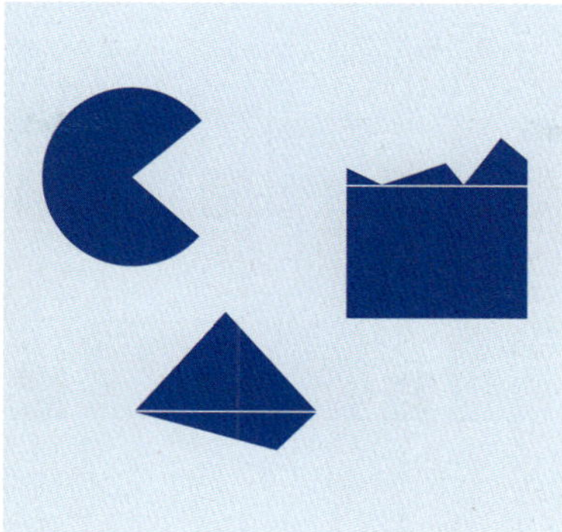
4 Form-an-sich-Kontrast (abgeschwächte Wirkung)

5 Quantitätskontrast (groß/klein)

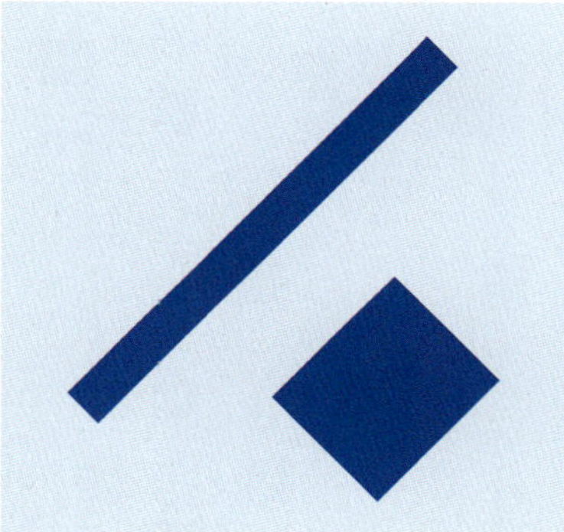
6 Quantitätskontrast (lang/kurz)

7 Richtungskontrast (waagerecht/senkrecht)

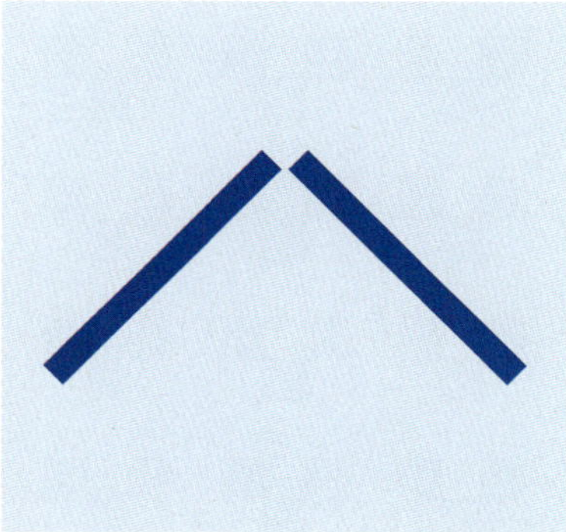
8 Richtungskontrast (diagonal)

4.5.3 Formenanordnung

Um Flächen mit Formen zu unterteilen und harmonisch zu gestalten, können die einzelnen Formen in drei verschiedenen Anordnungen arrangiert werden.

- **Reihung**
  Unterschiedliche Reihungen werden erreicht durch Wiederholung gleicher oder ähnlicher Elemente.
- **Gruppierung**
  Stellt man sich wiederholende Einzelelemente einer Reihe aneinander, entstehen gemusterte Flächen. Die entstandenen Gruppierungen, auch Verdichtung genannt, können sowohl symmetrische als auch asymmetrische Gruppen ergeben.

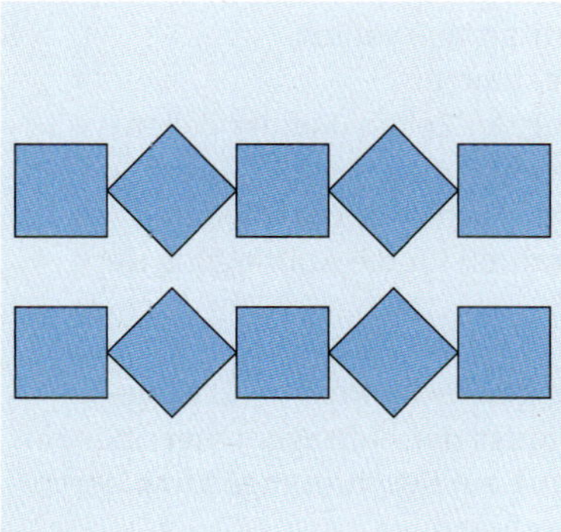
9 Drehung gleicher Elemente

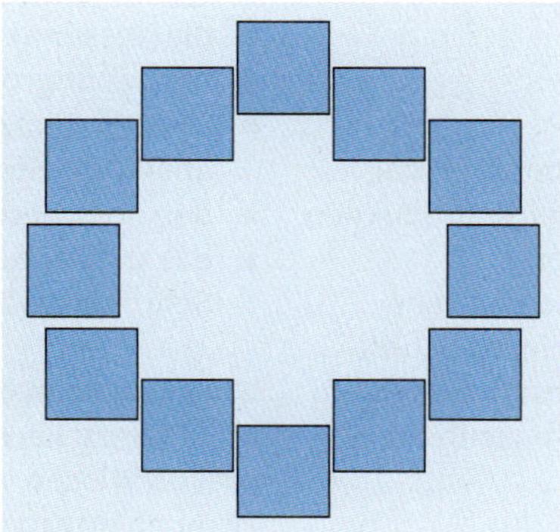
10 Anordnung gleicher Formen um einen Mittelpunkt

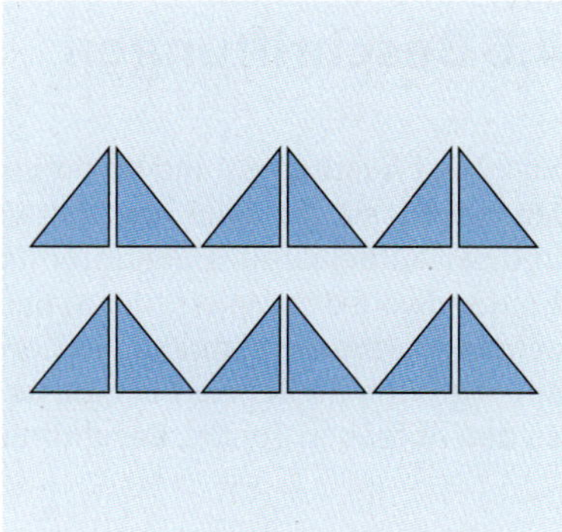
11 Spiegelung gleicher Elemente

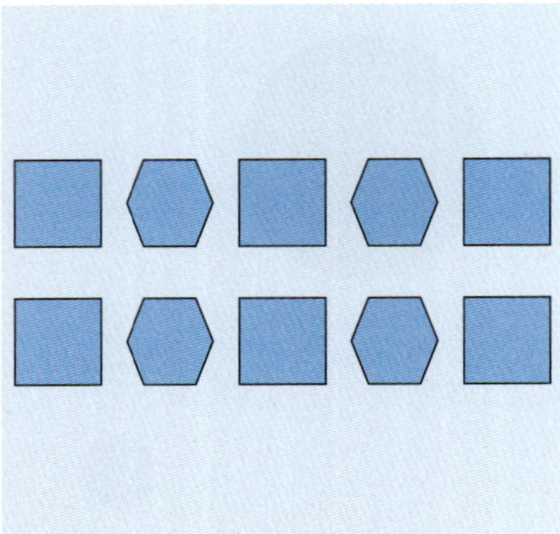

1 Abwechslung ähnlicher Elemente

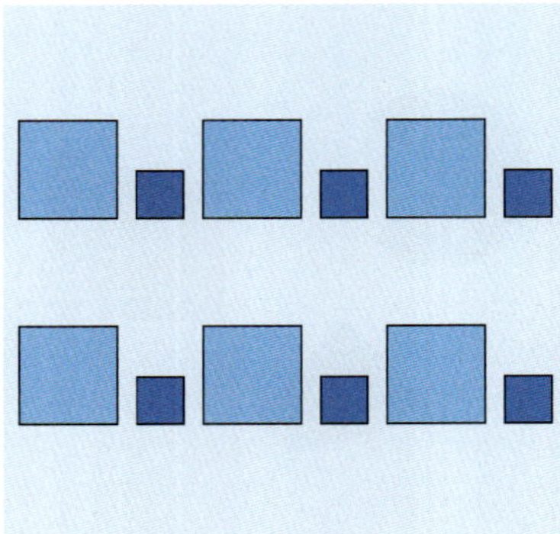

2 Rhythmische Reihen durch verschieden große, gleiche Formen

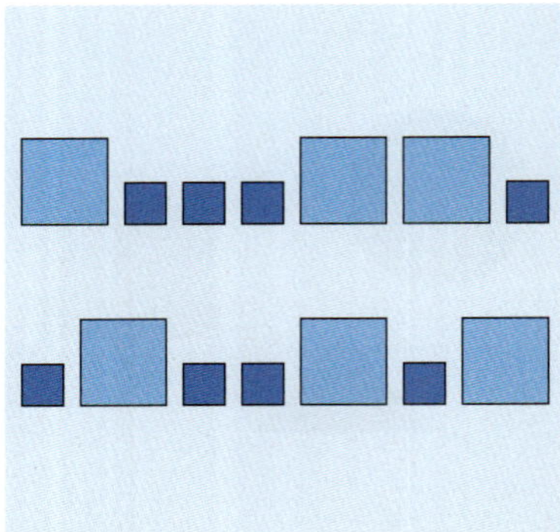

3 Wiederholung ähnlicher Formen in unregelmäßiger Reihe

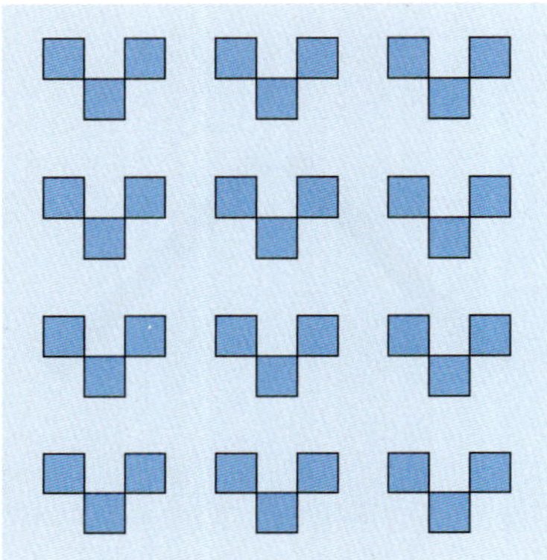

4 Symmetrische Gruppierungen

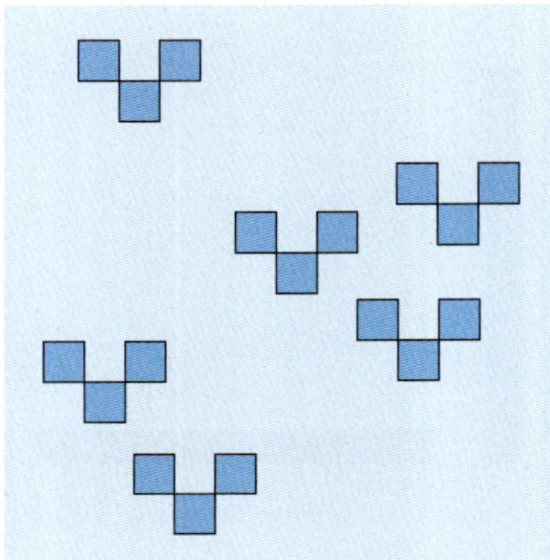

5 Asymmetrische Gruppierungen

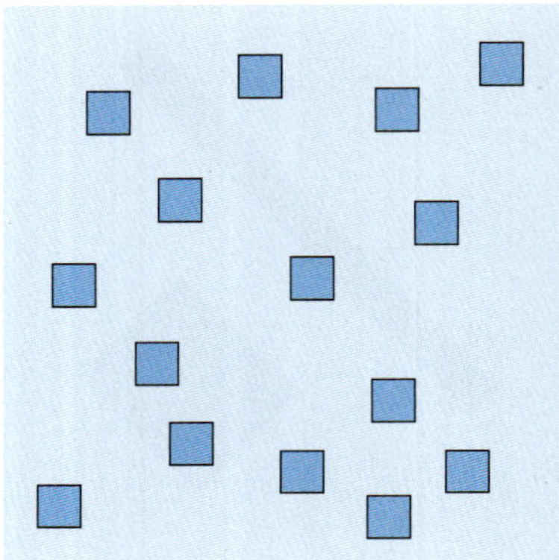

6 Streuung

- **Streuung**
  Ordnet man dieselben Formen in größtmöglicher Unordnung an, so spricht man von Streuung oder Auflockerung. Hierbei muss darauf geachtet werden, dass eine möglichst gleichmäßige Verteilung, also das optische Gleichgewicht, beibehalten wird.

4.6 Beschriftungen

Schrift ist Ausdrucks- und Kommunikationsform der Menschen, sie dient der Übermittlung, der Reproduktion und der Aufbewahrung von Informationen.
Im Handwerk des Malers/der Malerin und des Fahrzeuglackierers/der Fahrzeuglackiererin nimmt Schrift einen großen Stellenwert ein, da es in diesem Berufsfeld zu den Aufgaben gehört, Beschriftungen auszuführen.

In der Regel macht der Auftraggeber Angaben dazu, welcher Text auf den jeweiligen Untergrund, das Werbeschild, das Fahrzeug, die Fassade o. Ä. aufgebracht werden soll. Zusätzlich erfolgen die Angaben, welche Farbtöne mit welcher Wirkung verwendet werden und ob Piktogramme oder Bilder eingebracht werden sollen. Der Handwerker muss folglich den Vorgaben gemäß

- die passende Schriftart auswählen,
- die Schriftgröße bestimmen,
- über die Platzierung der Zeilen und der Zeilenabstände entscheiden,
- den entsprechenden Farbton auswählen und
- das passende Verfahren für die Anbringung der Schrift auswählen.

Um diese Entscheidungen fachgerecht und zielgerichtet fällen zu können, muss der Auftragnehmer über ein breites Wissen in Bezug auf Beschriftungen und deren Wirkung im Kontext verfügen.

4.6.1 Schriftarten

Umgangssprachlich versteht man unter Schrift ein Schriftsystem (arabische, lateinische, chinesische Schrift usw.) und eine Schriftart (Typografie, Bodoni, Arial etc.)
Jede Schriftart hat ihre eigenen Merkmale, die eine bestimmte Wirkung beim Lesen erzielen und die Aussage des Textes verstärken. Deshalb sollte die gewählte Schriftart zum Verwendungszweck passen.

Bis zur Mitte des 15. Jahrhunderts wurde jedes Schriftstück per Hand geschrieben. Erst mit der Erfindung des Buchdrucks – 1450 von Johannes Gutenberg – war es möglich, Schriftstücke und Bücher in größerer Anzahl zu drucken. Heutzutage sind die Möglichkeiten beim Erstellen von Schriftsätzen und die Auswahl einer Schriftart mithilfe des Computers nahezu unbegrenzt.

Aufgrund von gemeinsamen Merkmalen lassen sich die einzelnen Schriftarten zu fünf Hauptgruppen zusammenfassen.

4.6.2 Antiqua-Schriften

In die Gruppe der Antiqua-Schriften fallen alle Schriften, die die Römische Capitalis zum Vorbild haben. Diese Schrift wurde während der römischen Antike in Stein gemeißelt. Kennzeichen sind der Gleich- und Wechselstrich sowie die Serifen (Abb. 7–9). Während der Renaissance und im Barock entstanden viele Variationen der Antiqua-Schriften (Abb. 10). Antiqua-Schriften wirken vornehm und elegant. Sie sind auch in größeren Textmengen leicht zu lesen und werden deshalb häufig in Zeitungen und Büchern genutzt.

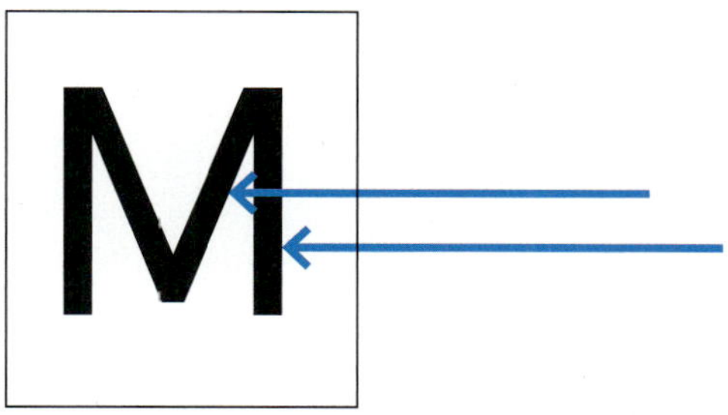

7 Gleichstrich – gleiche Balkenstärke, alle Balken sind gleich dick

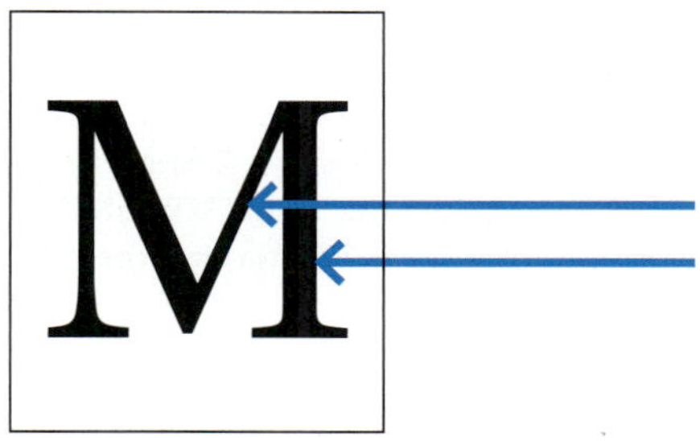

8 Wechselstrich – unterschiedliche Balkenstärke, die Balken sind unterschiedlich dick

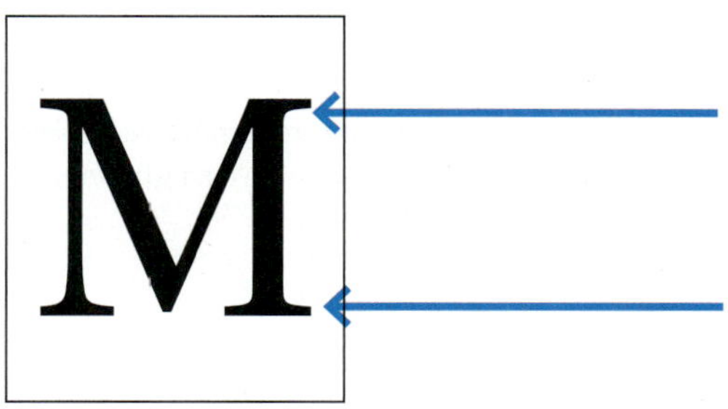

9 Serifen

10 Wechselstrich-Antiqua-Variante mit Serifen

4.6.3 Grotesk-Schriften

Grotesk-Schriften wurden im 19. Jahrhundert entwickelt, zunächst für Überschriften, später auch für Mengentext. Kennzeichen sind der Gleichstrich und die fehlenden Serifen. Dadurch ergibt sich ein klares, gut lesbares Schriftbild, das allerdings etwas nüchtern wirken kann. Diese Schriften werden vor allem bei technischen oder informativen Texten eingesetzt.

4.6.4 Gebrochene Schriften

Kennzeichen der gebrochenen Schriften ist die Betonung der senkrechten Linien. Rundungen werden in gerade Linien aufgebrochen. Diese Schriften waren auch als gedruckte Schriften bis zum Anfang der 1940er Jahre vor allem im deutschen Sprachraum üblich. Sie sind als Mengentext schwer lesbar.

Gebrochene Schriften, vor allem die sehr blockhaften gotischen Schriften oder auch Frakturschriften, wirken starr und altertümlich.

Eine Besonderheit bei gebrochenen Schriften ist das lange „S“. Dieses ſ wird in der Mitte eines Wortes oder einem Teil eines zusammengesetzten Wortes verwendet. Bei Computer-Schriften ist dies meist nicht im Schriftsatz vorhanden. Als VERSALSCHRIFT (Großbuchstabenschrift) sollten gebrochene Schriften nie verwendet werden, da sie kaum lesbar sind.

4.6.5 Schreibschriften

Diese gedruckten Schriften sind an die Handschrift angelehnt. Jedoch wirken sie durch die technisch erzeugte Regelmäßigkeit nicht so lebendig wie eine echte Handschrift. Schreibschriften werden eingesetzt, um Individualität auszudrücken. Allerdings sind viele Schreibschriften in großer Menge schlecht zu lesen, das gilt auch für die Verwendung als VERSALSCHRIFT.

2 Unterschiedliche Schriftarten

1 Fassadenbeschriftung: Richtige Verwendung des „S“

4.6.6 Fremde Schriften

Αλλοδαπός γραμματοσειρές εØναι οποιεσδήποτε γραμματοσειρές που δεν βασίζονται στο λατινικό αλφάβητο. Φαίνονται ασυνήθιστο και δεν είναι δυνατόν να αναγνωσθούν πολύ δύσκολο να

Fremde Schriften sind alle Schriften, die nicht auf der lateinischen Schrift beruhen. Sie wirken außergewöhnlich und sind sehr schwer bis gar nicht lesbar.

4.6.7 Schriftschnitt

Der Schriftschnitt bezeichnet die Variationsmöglichkeiten des Schriftbildes einer Schriftfamilie (Tab. 1). Bei der Verwendung mehrerer unterschiedlicher Schriftarten innerhalb eines Textes, Schildes oder einer Werbeanzeige wird zum einen die Lesbarkeit verschlechtert, zum anderen entsteht eine unaufgeräumte Wirkung (Abb. 2). Um dennoch einzelne Wörter oder Satzteile hervorzuheben, können Veränderungen innerhalb einer Schriftfamilie vorgenommen werden (Abb. 3).

Jedoch sollten zugunsten der besseren Lesbarkeit nicht zu viele typografische Veränderungen innerhalb einer Schriftfamilie vorgenommen werden.

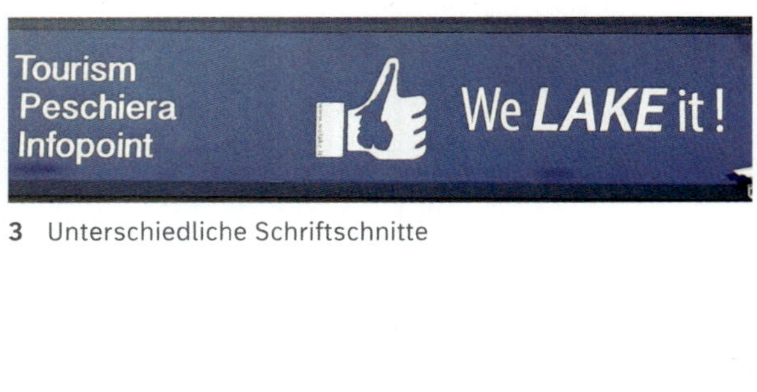

3 Unterschiedliche Schriftschnitte

Tab. 1: Schriftschnitte

Normal	Jede Schriftart kann unterschiedlich variiert werden.
Fett	Die Balkenstärke ist vergrößert. **Jede Schriftart kann unterschiedlich variiert werden.**
Kursiv	Die Schriftachsen sind nach rechts geneigt. *Jede Schriftart kann unterschiedlich variiert werden.*
Weit (gesperrt, spationiert)	Die Buchstabenabstände sind vergrößert. J e d e S c h r i f t a r t k a n n u n t e r s c h i e d l i c h v a r i i e r t w e r d e n.
Eng (unterschnitten)	Die Buchstabenabstände sind verringert. Jede Schriftart kann unterschiedlich variiert werden.
Unterstrichen	Die Schrift wird unterstrichen. Jede Schriftart kann unterschiedlich variiert werden.
Schmal	Die Buchstabengröße wird erhöht. Jede Schriftart kann unterschiedlich variiert werden.
Breit	Die Buchstabengröße wird vermindert. Jede Schriftart kann unterschiedlich variiert werden.
Negativ	Die Schrift ist weiß auf schwarzem Untergrund. *Jede Schriftart kann unterschiedlich variiert werden.*
Kaptitälchen	Die Anfangsbuchstaben werden vergrößert, die Kleinbuchstaben haben die Form von Großbuchstaben, JEDE SCHRIFTART KANN UNTERSCHIEDLICH VARIIERT WERDEN.

4.7 Typografische Regeln

4.7.1 Grundbegriffe

Die Fachbegriffe der Schriftgestaltung sollte der Fachmann einheitlich verwenden, damit keine Missverständnisse entstehen.

Grundlinie
Die Basislinie, auf der die Schrift ausgerichtet wird. Rundungen von Buchstaben werden ein wenig unter die Grundlinie gezogen.

Unterlänge
Alle Linien und Bögen einzelner Buchstaben, die unter die Grundlinie reichen.

Oberlänge
Alle Linien und Bögen, die über die Mittellinie ragen.

Schrifthöhe
Entfernung vom untersten Punkt des Schriftzuges zum obersten. Bei Schriftzügen ohne Unterlängen ist die Schrifthöhe einer Schriftart kleiner.

Schriftbreite
Länge des Schriftzugs vom äußersten rechten Punkt zum äußersten linken.

Versalie (Majuskel)
Großbuchstaben. Eine Versalschrift ist eine Schrift aus lauter Großbuchstaben.

1 Typografische Grundbegriffe

Gemeine (Minuskel)
Kleinbuchstaben.

Spationierung
Damit ein gleichmäßiges Schriftbild entsteht, sind die Abstände der Buchstaben außer bei einer Proportionalschrift nie gleich groß (optischer Ausgleich). Wie weit ein Buchstabe vom anderen entfernt ist, hängt davon ab, wie viel Leerraum bei der Kombination von zwei Buchstaben aufeinandertrifft. Bei viel Leerraum müssen die Buchstaben zusammengeschoben werden, unter Umständen so weit, dass sie sich überschneiden. Wenn geschlossene Flächen aufeinandertreffen, z. B. zwei Balken, müssen die Buchstaben auseinandergeschoben werden.

Die Spationierung wird bei vielen Computerschriften nur sehr ungenau ausgeführt, sodass sie vor dem Aufbringen der Schrift auf jeden Fall überprüft und möglicherweise korrigiert werden muss (Abb. 2).

Strichstärke/Balkenstärke
Stärke bzw. Dicke der einzelnen Linien, aus denen die Buchstaben einer Schriftart bestehen.

Grundstrich
Die kräftigen, dicken Linien bei Schriftarten mit unterschiedlichen Strichstärken.

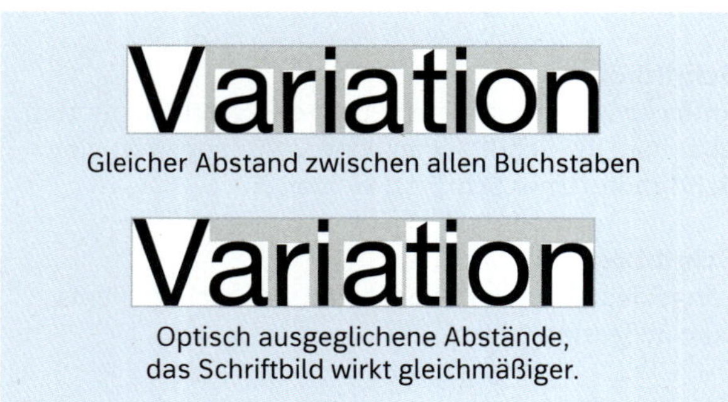

2 Spationierung

Haarstrich
Die feinen, dünnen Linien der Buchstaben bei Schriftarten mit unterschiedlichen Strichstärken.

4.7.2 Anordnung der Elemente

Bei der Beschriftung einer Fläche werden verschiedene Schriftblöcke miteinander kombiniert aufgebracht. Jeder Schriftblock kann aus mehreren Schriftzügen bestehen, die wiederum mehrere Wörter enthalten. Zusätzlich werden häufig noch grafische Elemente oder Bilder mit eingesetzt.

Die typografische Anordnung der verschiedenen Teile der Beschriftung entscheidet darüber, ob sie als gelungen angesehen wird, d. h., ob der Kunde zufrieden ist oder nicht.

Für die Anordnung von Beschriftungselementen gibt es einige Regeln, die man einhalten sollte. Gegen die Regeln kann man aber auch bewusst verstoßen, um eine besondere Wirkung zu erreichen.

- **Der Zweck bestimmt die Gestaltung**
  Jede Beschriftung erfüllt einen bestimmten Zweck, z. B. zur Information oder Werbezwecken, Beschriftung eines Gebäudes oder Fahrzeuges. Die Beschriftung muss diese Zusammenhänge berücksichtigen.

- **Nicht nur messen, sondern auch optisch beurteilen**
  Die Abstände von Schriftblöcken werden zwar sehr genau gemessen, um eine schiefe Platzierung zu vermeiden. Trotzdem muss die Gesamtwirkung der Anordnung immer wieder überprüft werden, damit keine ungewollten Proportionen entstehen. Dies gilt besonders für Schriftarten mit lang gezogenen Unterlängen und weit nach links und rechts ausladenden Bögen.

3 Fahrzeugbeschriftung

- **Die Beschriftung sollte lesbar sein**
  Wesentliche Aufgabe einer Beschriftung ist die Vermittlung von Informationen. Dies kann nur gelingen, wenn die Schrift lesbar ist. Dazu muss beachtet werden, wie viel Zeit dem Betrachter bleibt, um z. B. ein Schild zu sehen, und aus welcher Entfernung er es sieht. Meist werden bestimmte Schriftblöcke, die die wichtigsten Informationen enthalten, hervorgehoben.

Zum Hervorheben gibt es neben den oben genannten Variationen einer Schriftart eine Reihe von weiteren Möglichkeiten, die einzeln oder kombiniert angewendet werden können:

- Farbe,
- Schatten,
- Dreidimensional,
- Drehen,
- geschwungene Schriftlinie und Bogen,
- Strukturen.

Hier gilt der Grundsatz „weniger ist mehr“, denn wenn zu viel hervorgehoben ist, sticht nichts mehr ins Auge.

4 Gehäufte Anwendung von Schrifthervorhebung

4.8 Beschriftungs- und Übertragungstechniken

Je nachdem, welche Schriftart in welcher Größe auf welchem Untergrund und mit welcher Dauerhaftigkeit ausgeführt werden soll, muss die passende Beschriftungs- und Übertragungstechnik ausgewählt werden. Bei der Auswahl der entsprechenden Technik sollten auch der zeitliche und der Kostenrahmen beachtet werden.

4.8.1 Konstruieren

Kurze und relativ große Schriftzüge können direkt auf dem Untergrund aufgezeichnet und anschließend ausgemalt werden. Dies ist allerdings nur bei Schriftarten mit klaren geometrischen Formen rationell durchführbar.

Der Vorteil dieses Verfahrens liegt darin, dass man eine größere Gestaltungsfreiheit bei der Ausgestaltung der Schrift hat. Außerdem kann man damit auch sehr raue und unebene Untergründe beschichten.

4.8.2 Pausen

Werden kompliziertere größere Schriften und Formen auf den Untergrund aufgebracht, ist es sinnvoll, eine Pause zu erstellen.
Dazu wird der Schriftzug auf ein faserfreies Pauspapier übertragen und die Konturen anschließend perforiert – entweder mit einer Nadel oder mit einem Pausrädchen.

Das so durchlöcherte Papier wird dann auf der Fläche ausgerichtet und mit einem Pausbeutel entlang der Löcher „gestupft". Der Pausbeutel besteht aus einem Tuch, das zu einem Beutel gebunden wird. Darin befindet sich ein zum Farbton des Untergrundes kontrastierendes Pigment. Nach dem Entfernen des Pauspapiers ist die gepunktete Kontur der Schrift auf der Fläche sichtbar. Nun kann die Schrift mit geeigneten Farben ausgemalt werden, wobei darauf zu achten ist, dass das Paus-Pigment das Gemalte nicht verfärbt.

4.8.3 Schablonieren

Die Beschriftung mithilfe von Schablonen eignet sich besonders, wenn eine große Stückzahl des gleichen Schriftzugs aufgebracht werden muss, z. B. die Beschriftung einer Tiefgarage mit Nummern und Pfeilen.

Gegenüber dem Kleben von Folienbuchstaben hat das Schablonieren den Vorteil, dass man durch Verläufe, Schattierungen und Glanzlichter zusätzliche Effekte erzielen kann.

Die Schablone besteht entweder aus Blech, einer stabilen Kunststofffolie oder einem speziellen, wasserbeständigen und faserfreien Papier.

Beim Ausfüllen der Schablone muss man darauf achten, dass der Beschichtungsstoff nicht zu dünnflüssig ist und nur in geringer Schichtdicke aufgetragen wird. Wenn dies nicht beachtet wird, läuft die Farbe unter die Schablone und die Konturen der Schrift sehen dann entsprechend unsauber aus.

1 Pausen

2 Buchstabenschablonen

3 Schablonierte Schrift mit Verlauf

Deshalb wird auf die Schablone mit ganz wenig Farbe und mithilfe eines Stupfpinsels gestupft. Alternativ kann mit einer Spritzpistole nur leicht „angenebelt“ werden.

Bei nicht geklebten Schablonen sind die Innenformen, die bei vielen Buchstaben vorhanden sind, durch Stege mit dem Äußeren verbunden. Dies kann einer schablonierfähigen Schrift ein besonderes Aussehen verleihen.

4.8.4 Kleben

Die Beschriftung mit selbstklebenden Folien bietet eine große Auswahl an Gestaltungsmöglichkeiten (Abb. 4). Die Folien bestehen zumeist aus PVC (Polyvinylchlorid) mit einem Polyacrylatkleber als Klebemittel auf der Rückseite. Die Folien befinden sich auf einem Trägerpapier, das die Klebeschicht schützt und das Motiv bis zum Kleben auf den Untergrund „trägt“. PVC-Folien sind, je nach Einsatzzweck und -dauer, in unterschiedlichen Dicken und Farbtönen erhältlich (Abb. 5). Selbstklebende Folien eignen sich zur Verklebung auf nahezu allen Untergründen, lediglich auf sehr rauen Flächen sind sie nicht faltenfrei zu verarbeiten.

4 Folierte Fläche

Beschriftungen mit selbstklebenden Folien können in kürzester Zeit mithilfe des Schneideplotters gefertigt werden. Werden neue Motive oder Schriftzüge gewünscht, können Folien mit einem Fön erwärmt und abgezogen werden. Verbleibende Kleberreste werden mit Lösemittel beseitigt.

5 Selbstklebende Folien

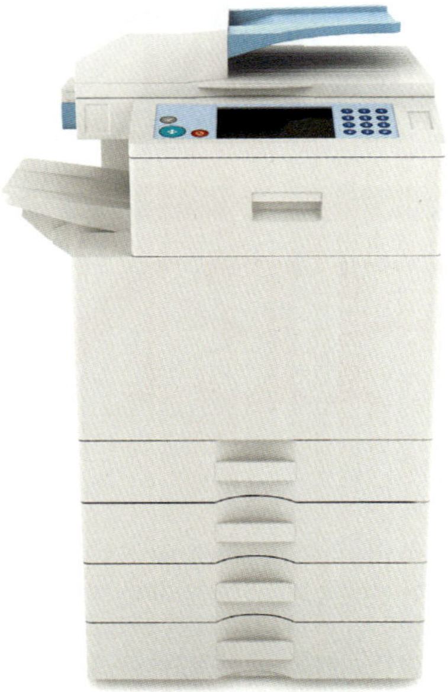

1 Kopierer

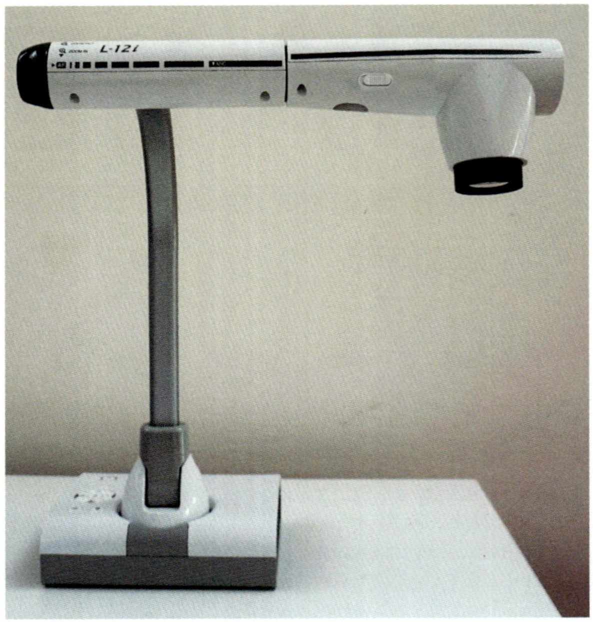

2 Dokumentenkamera

3 Beamer

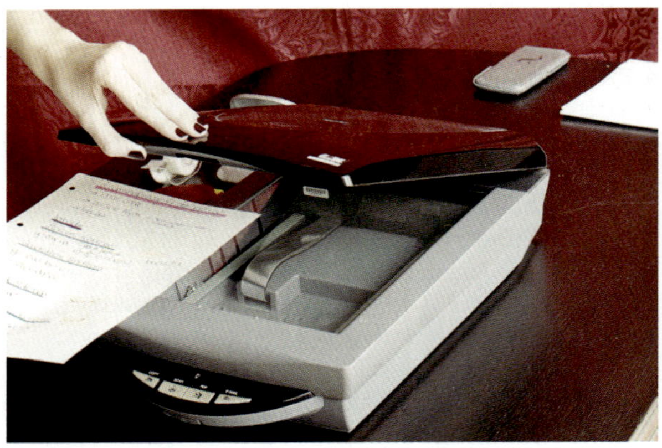

4 Scanner

4.8.5 Vergrößerungs- und Verkleinerungstechniken

Sollen Motive zum Übertragen auf einen Untergrund vergrößert oder verkleinert werden, stehen geräteunterstützte und manuelle Methoden zur Verfügung.

Geräteunterstützte Methode
Bei der geräteunterstützten Methode werden Motive mithilfe von Kopiergerät, Dokumentenkamera, Beamer, Scanner, Diaprojektor oder Computer vergrößert oder verkleinert.

Manuelle Methode
Sollen großformatige Motive zum Beispiel auf Fassaden übertragen werden, kommt häufig die manuelle Methode zum Einsatz. Einfache geometrische Muster oder Motive können vergrößert werden, indem sie lediglich mit einem Lineal ausgemessen und in dem zuvor festgelegten Maßstab vergrößert dargestellt werden.

Werden komplexere Motive übertragen, wird dies vielfach mithilfe der Netzraster- oder Gitternetzvergrößerung vorgenommen.

5 Geräteunterstützte Vergrößerung

Dazu wird über das Motiv ein quadratisches Raster gelegt. Die Feinheit des Rasters ist abhängig von der Komplexität des Motivs. Zur besseren Übersichtlichkeit können die senkrechten und waagerechten Linien des Gitternetzes mit Ziffern und Buchstaben versehen werden (Abb. 5).

Soll die Überlagerung des Motivs beispielweise in vierfacher Vergrößerung erstellt werden, zeichnet man das Raster in der vierfachen Größe auf den Untergrund. Dabei ist darauf zu achten, dass die Anzahl der Quadrate der Quadratanzahl der Vorlage entspricht.
Danach werden die einzelnen Schnittpunkte von Motiv und Rasterlinien der Motivvorlage auf das Vergrößerungsraster übertragen. Die Schnittpunkte werden dann verbunden und das vergrößerte Motiv ist auf dem Untergrund zu sehen (Abb. 6).

4.9 Darstellungsverfahren

Bevor mit der Arbeit begonnen werden kann, muss man eine genaue Vorstellung haben, wie das Objekt am Ende aussehen soll.

6 Manuelle Vergrößerung

Im Beratungsgespräch muss dem Kunden ein möglichst deutlicher Eindruck vom neu gestalteten Raum oder der Fassade vermittelt werden.

Dazu gibt es verschiedene Darstellungsmöglichkeiten, die mehr oder weniger aufwendig sind.

4.9.1 Skizze

Eine Skizze ist eine freihändig gezeichnete Darstellung eines Raumes, Objektes oder einer Fassade. Mit einer Skizze lassen sich viele Dinge leichter erklären als mit Worten.

Die Skizze braucht nicht maßstabsgetreu zu sein, allerdings sollten die Größenverhältnisse einigermaßen eingehalten werden.

Eine Skizze wird angefertigt, um die Form und das Aussehen der zu bearbeitenden Flächen zu erfassen. Es können in die Skizze auch Maße eingezeichnet werden,

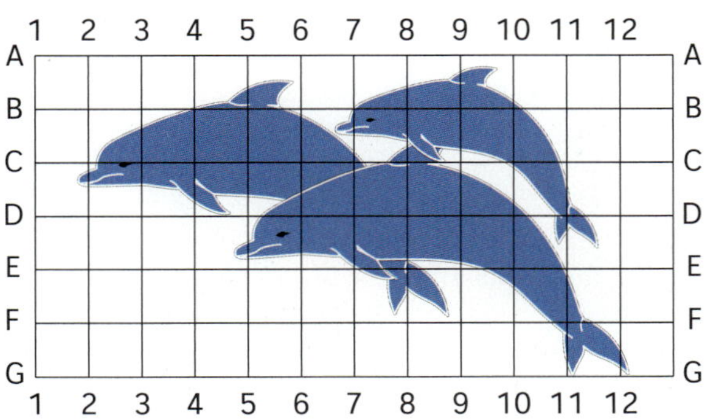

7 Netzraster Ausgangsmotiv

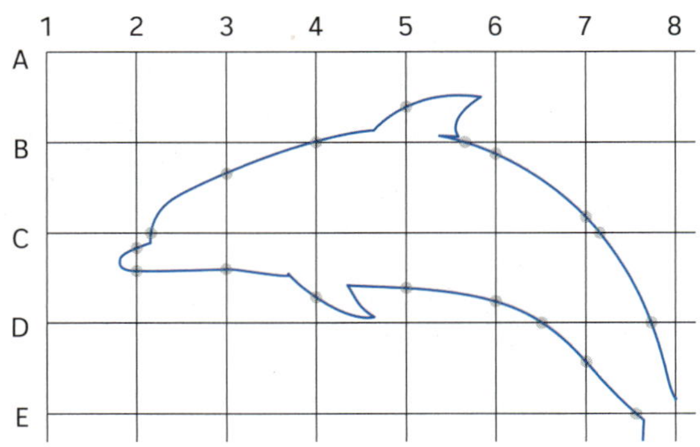

8 Netzraster Vergrößerung

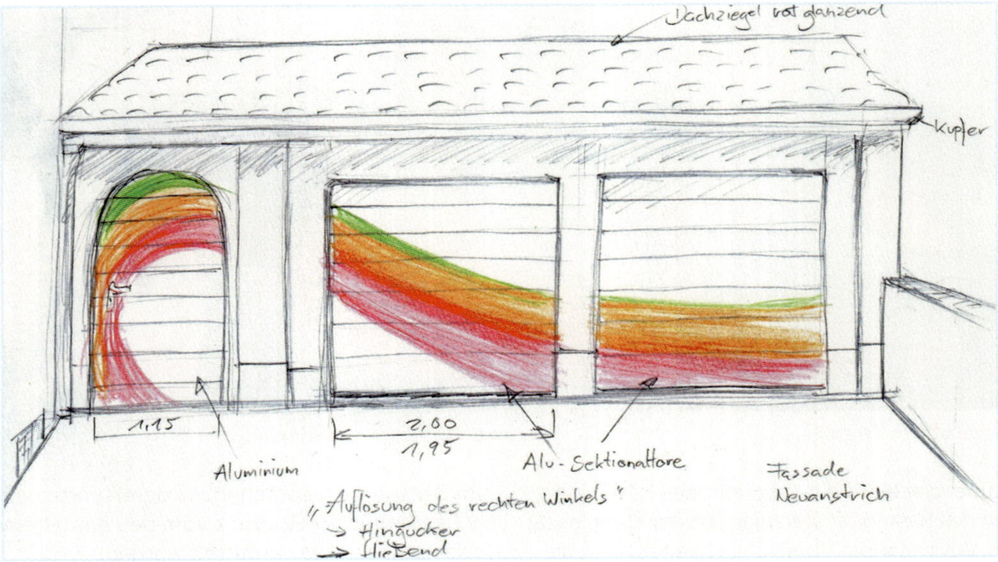

1 Handskizze

die als Grundlage für die Flächen- und Mengenberechnung dienen. Dazu können die Gedanken notiert werden, die im Laufe eines Beratungsgespräches geäußert wurden.

Eine dreidimensionale Skizze ist am eindruckvollsten; Voraussetzung dafür ist, dass man die Grundregeln der Zentralpunkt- und Fluchtpunktperspektive kennt.

4.9.2 Entwurf

Auf der Grundlage einer Skizze wird schließlich ein Entwurf erstellt. Wie viel Aufwand dafür betrieben wird, hängt von der Art und Größe des Auftrags ab.

Mit dem Entwurf werden meist verschiedene Gestaltungsalternativen dargestellt, sodass der Kunde eine Vorstellung vom späteren Aussehen bekommt und sich fundiert für eine Gestaltung entscheiden kann.

2 Mit Farbe und Pinsel erstellter Entwurf

Manuelle Darstellungsverfahren

Einen guten, anschaulichen Entwurf mit Pinsel und Farbe zu erstellen, erfordert großes handwerkliches Geschick und viel Übung.

Es werden meist Aquarellfarben, Temperafarben, spezielle Dispersionsfarben oder Künstler-Acrylfarben verwendet. Mit diesen werden maßstäbliche Bleistift- oder Tuschezeichnungen auf Papier oder Karton farbig ausgelegt.

Es können auch Originalmaterialien (z. B. Tapeten, Bodenbeläge, Stoffe) als Collage aufgeklebt werden, um den Zusammenhang der einzelnen Materialien und Strukturen zu verdeutlichen.

Einen Gestaltungsentwurf auf diese Weise herzustellen, erfordert viel Zeit und ist meist sehr aufwendig. Die Anzahl der Variationen ist deshalb begrenzt. Allerdings erzeugen sorgfältig gemalte, ausdrucksstarke Entwürfe einen professionellen Eindruck beim Kunden und vermitteln auch das handwerkliche Können des Malers.

Digitale Darstellungsverfahren

Farbentwürfe werden häufig am Computer erstellt. Dazu werden Fotos des Gebäudes oder Raumes mithilfe einer entsprechenden Software so eingefärbt, dass ein realistischer Eindruck entsteht. Es können auch Strukturen (z. B. Putz) oder Muster aufgebracht und Schriften platziert werden.

3 Programm-Screenshot zur Objektgestaltung

Farbentwürfe mit dem Computer sind relativ schnell erstellt. Man kann dem Kunden viele Gestaltungsalternativen zeigen und auch sofort auf Vorschläge reagieren. Bei schlechten Bildvorlagen muss allerdings zeitaufwendig nachgearbeitet werden.

In den Programmen sind die Farbpaletten der Farbhersteller enthalten. Man kann somit durch die Farbnummer der ausgewählten Farbe den entsprechenden Farbton als Beschichtungsstoff bestellen.

Man muss sich bewusst sein, dass die am Computer erzeugten Farben (additive Farbmischung) sich mit Pigmenten (subtraktive Farbmischung) nicht ganz exakt herstellen lassen und dadurch unter Umständen deutliche Unterschiede im Aussehen der Flächen entstehen.

4 Entwurf mithilfe eines Computers erstellt

Auch durch genauestes Abgleichen der Farbeinstellungen des Monitors und der Druckeinstellungen des Farbdruckers mit der Farbvorlage (Kalibrierung) können Abweichungen bei einzelnen Farben bestehen bleiben.

4.9.3 Räumliche Darstellung

Für Entwürfe werden die einzelnen Wände eines Raumes oder einer Fassade meist einzeln in der Abwicklung dargestellt. Dadurch geht aber der räumliche Eindruck verloren.

Um dies zu vermeiden, kann der Raum oder das Gebäude in dreidimensionaler Darstellung gezeichnet werden.

Eine Zeichnung hat gegenüber einer Fotografie den Vorteil, dass die Wirklichkeit idealisiert wird, d. h., störende und unwesentliche Dinge können weggelassen werden (z. B. parkende Autos, Laternenmasten). Außerdem können Räume nie vollständig mit einem einzigen Bild fotografiert werden, genauso wie die Sicht auf ein Gebäude häufig durch andere Gebäude oder Bewuchs versperrt ist.

Isometrie
Die Isometrie ist eine Parallelprojektion und wird vor allem für technische Zwecke verwendet. Es verlaufen hier alle Kanten, die in Wirklichkeit parallel sind, auch auf der Zeichnung parallel. Die nach hinten weggehenden Linien werden in einem Winkel von 30° gezeichnet. In der isometrischen Zeichnung können überall die wirklichen Maße – im Maßstab verkleinert – eingezeichnet werden. Somit ist diese Zeichnungsart sehr gut für die Planung eines Auftrags geeignet. Allerdings wirkt die Isometrie bei einer größeren Tiefe des dargestellten Objekts unrealistisch, weil die hinteren Teile zu groß erscheinen.

Fluchtpunktperspektive
Wenn man versucht, das menschliche dreidimensionale Sehen möglichst genau auf ein zweidimensionales Blatt

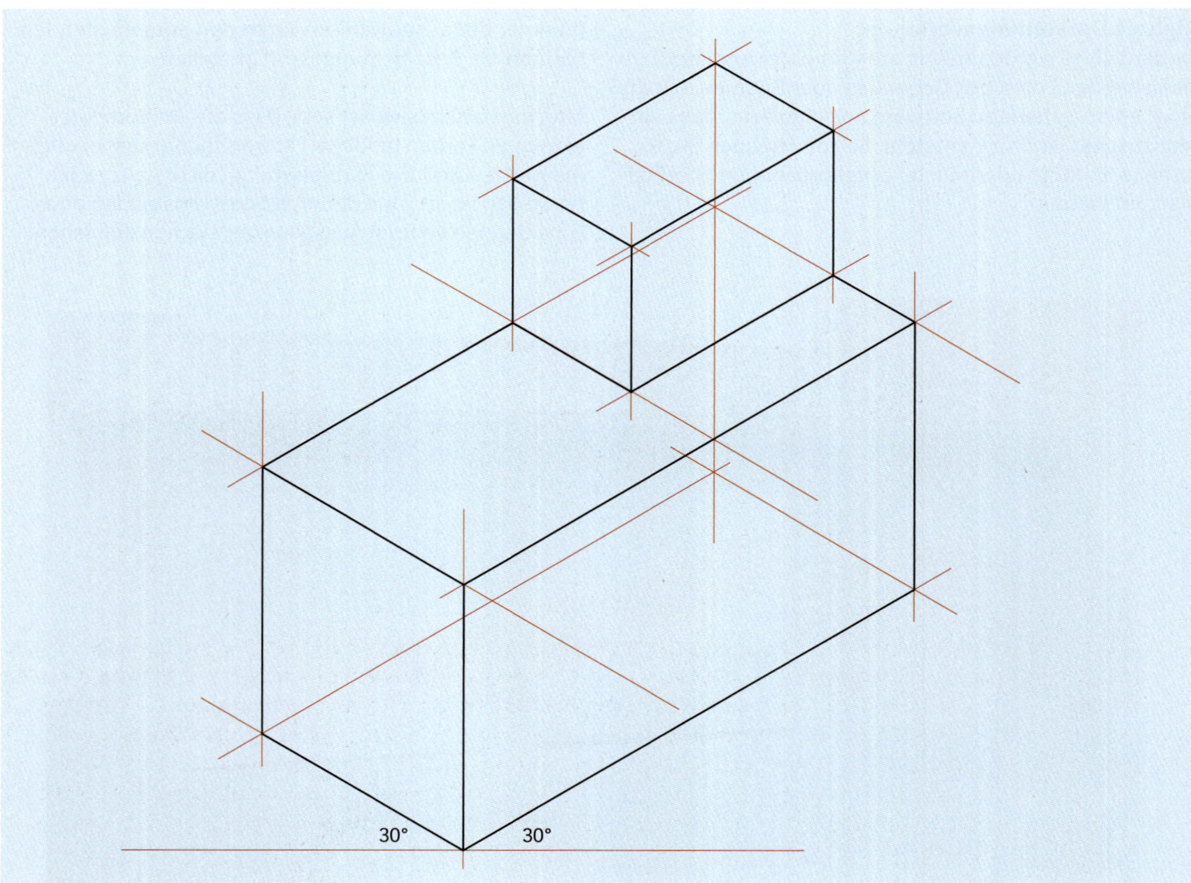

1 Isometrische Darstellung

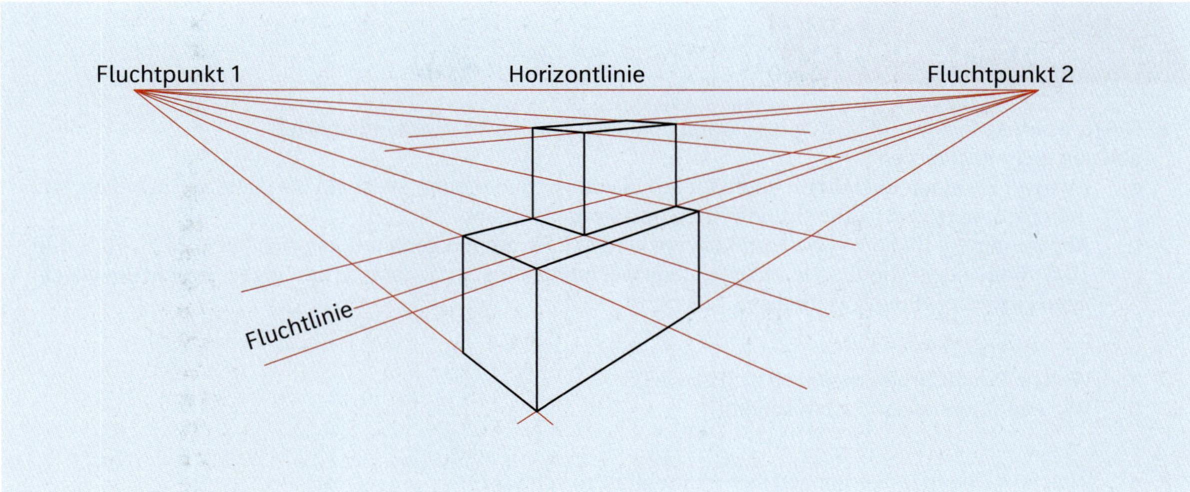

2 Fluchtpunktperspektive mit zwei Fluchtpunkten

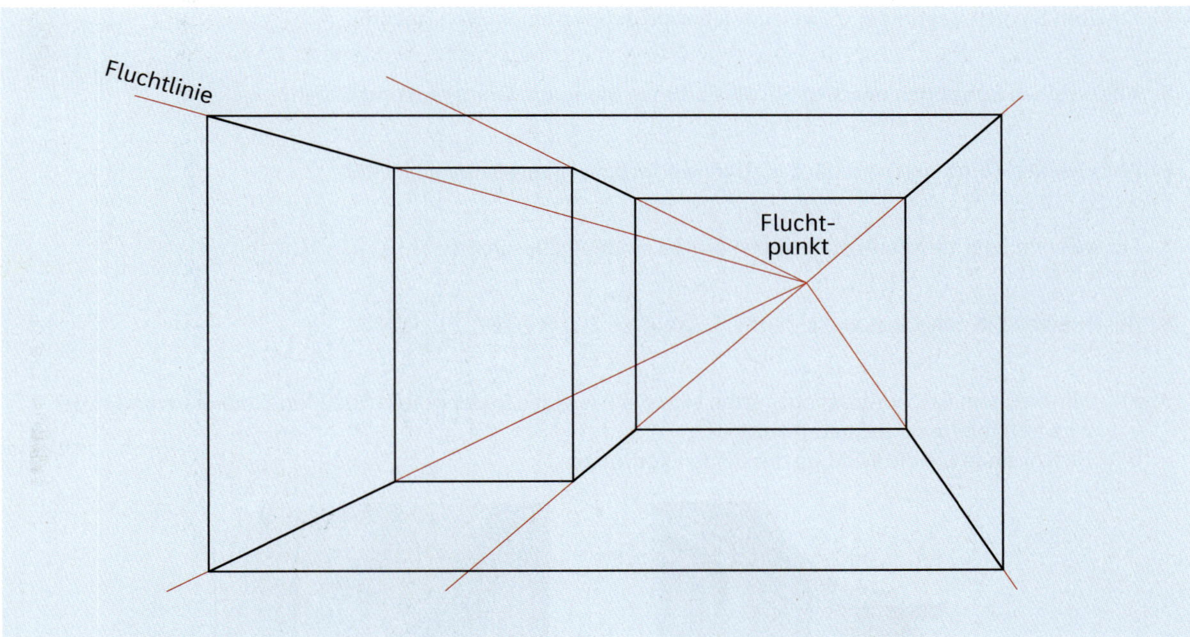

3 Zentrale Fluchtpunktperspektive

zu übertragen stellt man fest, dass alle parallelen Linien, die vom Betrachter weglaufen, sich in einem Punkt treffen. Diesen Punkt nennt man den Fluchtpunkt. Steht das gezeichnete Objekt schräg zum Betrachter, entstehen zwei oder sogar drei Fluchtpunkte.

Eine in Fluchtpunktperspektive gezeichnete Darstellung sieht sehr realistisch aus. Wenn aber alle Details eingezeichnet und genau konstruiert werden, ist sie sehr aufwendig herzustellen. Außerdem kann man aus dieser Darstellung Maße nur sehr schwer entnehmen, da die nach hinten laufenden Strecken sich progressiv verkürzen.

Ein Beispiel für die Darstellung eines Raumes in zentraler Fluchtpunktperspektive zeigt Abb. 3.

Aufgaben zu Lernfeld 4

1. Die fensterlose 5,50 m • 2,30 m große Wand des Speiseraums im Waldkindergarten soll neu gestaltet werden.
   a) Fertigen Sie einen Entwurf an und erklären Sie den Erzieherinnen, weshalb Sie die Wand in hellen, warmen Farbtönen und in den Grundformen gestalten möchten.
   b) Angenommen, Ihr Farb- und Formkonzept wird in 3 Farbtönen gehalten, die sich auf je 25 %, 65 % und 10 % Anteile der Wandfläche verteilen. Wie viel ml Acryldispersionsfarbe benötigen Sie von der jeweiligen Farbe bei einem zweimaligen Anstrich?

2. a) Welche Primärfarben ergänzen sich zu weiß?
   b) Wie nennt man diese Farbmischung?

3. a) Welche Farbenpaare ergänzen sich im Idealfall zu schwarz?
   b) Wie nennt man diese Farbmischung?

4. Erklären Sie den Begriff der teilweisen Reflexion anhand einer roten Haustür.

5. Aus welchen Bunttönen mischen Sie die Farbtöne Blaugrün, Orangerot und Violett?

6. Aus welchen Farbtönen wird bei der additiven Farbmischung Gelb gemischt?

7. Mit welchen Begriffen kann man einen Farbton eindeutig beschreiben?

8. Beschreiben Sie den Farbton mit der NCS-Zahl S 50 20 - R 70 B

9. a) Mit welchem Farbkontrast nach Itten sind die Fassaden in der ersten Abbildung und die Wand in der zweiten Abbildung gestaltet worden?
   b) Beschreiben Sie die Wirkung der beiden Kontraste.

10. Wieso muss man bei der farbigen Gestaltung eines Raumes die Farbtemperatur und die Farbwiedergabestufen der vorhandenen Lichtquellen beachten?

11. Ihr Chef möchte in der Fahrzeuglackiererei eine neue Beleuchtungsanlage installieren lassen. Empfehlen Sie ihm eine Beleuchtung, indem Sie die Begriffe Farbtemperatur und Farbwiedergabe verwenden.

12. Sie sollen für einen Kunden den Farbton seines Wohnzimmers zum Zweck von Ausbesserungsarbeiten genau nachmischen.
In Ihrer Werkstatt arbeiten Sie unter dem Licht einer Leuchtstoffröhre. Das Wohnzimmer des Kunden wird von Glühlampen beleuchtet. Erklären Sie, welche Wirkung eintreten kann.

13. Nennen Sie die Kennzeichen einer Antiqua-Schrift.

14. Auf eine Putzfläche soll eine 2,50 m hohe Beschriftung aufgebracht werden. Begründen Sie welches Beschriftungsverfahren hier sinnvoll ist.

15. Wie kann man einen Schriftzug hervorheben?

16. Wodurch wird der Abstand der Buchstaben bei einem Wort bestimmt?

17. Beschriftungen werden oft mit Klebefolie aufgebracht. Nennen Sie die Gründe, die für dieses Beschichtungsverfahren sprechen.

18. Welchen Vorteil hat die Darstellung einer Parallelperspektive gegenüber einer Fluchtpunktperspektive?

19. Für welche Art von Beschriftung ist das Aufpausen am besten geeignet?

20. Welche Vorteile bietet die Erstellung eines Farbentwurfs mit einem Computer im Vergleich zu einem manuell erstellten Entwurf?

21. Welche Geräte eignen sich zur Vergrößerung und zur Übertragung von Motiven auf eine Fassade?

22. Tragen Sie die Fachbegriffe der Schriftgestaltung ein:

Lernfeldübergreifend
→ Präsentationstechniken und
→ Kundenorientierung

Präsentationstechniken

Um die eigenen Arbeitsergebnisse zu präsentieren, gibt es mehrere Techniken.

Die Qualität einer Präsentation hängt davon ab, ob es dem Präsentierenden gelingt, die Ergebnisse klar und verständlich zu vermitteln. Deshalb ist es notwendig, sich vorher über die Ziele im Klaren zu sein: Was sollen die Zuhörer im Anschluss an die Präsentation wissen, behalten und verstanden haben? Im Folgenden wird ein Leitfaden für drei Präsentationstechniken vorgestellt.

Vortrag

Bei der Vorbereitung und beim Halten eines erfolgreichen Vortrags sollten Sie vier Arbeitsschritte einhalten.

1. Informationsbeschaffung

- Legen Sie für sich das Ziel des Vortrags als Ausgangspunkt fest.
- Beschaffen Sie sich Informationen mithilfe aller verfügbaren Mittel, z. B.: Schulbücher, Lexika, Zeitschriften, technische Merkblätter, Tabellenbücher, Firmenbroschüren, Bibliotheken, Internet.

2. Erarbeitung

- Wählen Sie die wesentlichen Informationen aus und überlegen, welche Aussagen für Ihre Zuhörer von Interesse sein könnten.
- Denken Sie daran, sämtliche verwendeten Fachbegriffe und Inhalte zu erklären. Ihre Zuhörer wissen viel weniger über das Thema als Sie.
- Erstellen Sie eine Gliederung, in der Sie die ausgewählten Informationen in eine logische Reihenfolge bringen.
- Strukturieren Sie den Vortrag in Einleitung, Hauptteil und zusammenfassenden Schluss.
- Verfassen Sie Stichworte für Ihren Vortrag und schreiben Sie diese z. B. auf einer Karteikarte nieder.
- Bereiten Sie ein Papier mit den Kernaussagen des Vortrags für Ihre Mitschüler vor.

3. Vortrag ausführen

- Reden Sie laut und deutlich, in kurzen, klaren Sätzen.
- Sprechen Sie sehr langsam und machen Sie Pausen, wenn ein neuer Abschnitt erfolgt.
- Nennen Sie zu Beginn das Thema, das Ziel und den Aufbau Ihres Vortrags.
- Sichern Sie sich die Aufmerksamkeit Ihrer Zuhörer, indem Sie Blickkontakt halten und sie durch Fragen miteinbeziehen.

Vortrag

4. Auswertung

- Wiederholen Sie die wichtigsten Ergebnisse.
- Stellen Sie abschließende Fragen zum Verständnis.
- Bitten Sie Ihre Zuhörer, Fragen hinsichtlich unklarer Inhalte an Sie zu richten.
- Teilen Sie bei Bedarf ein Handout (Handsatz) aus.

Plakat

Um Ergebnisse bildlich darstellen zu können, bietet sich die Gestaltung eines Plakats an.
Sollen die Inhalte eines Plakats wahrgenommen werden und zum Lesen einladen, müssen bei dessen Erstellung einige Regeln beachtet werden.

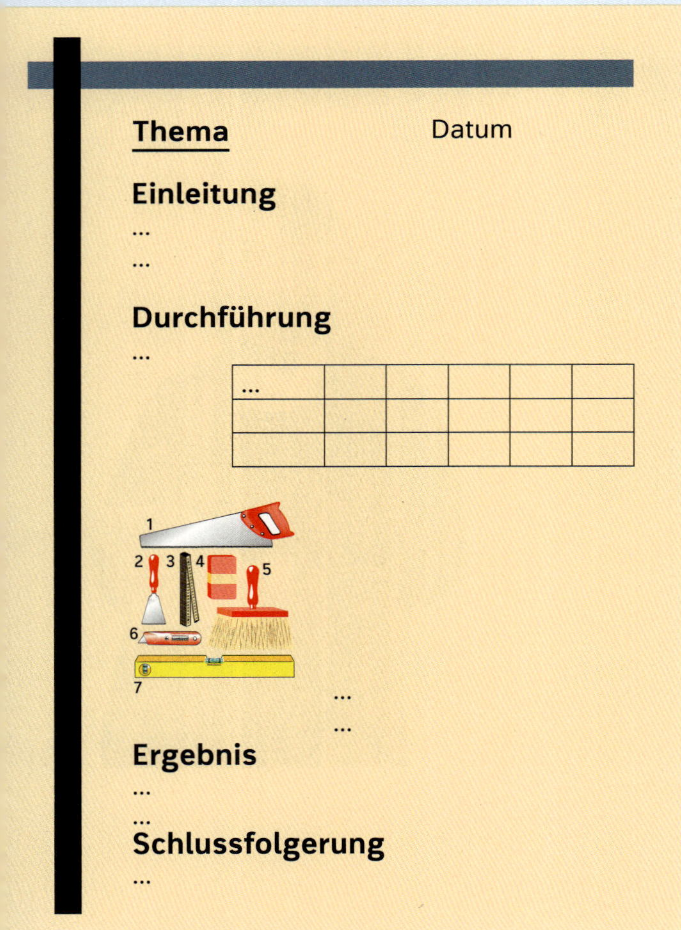

Schema für einen Plakataufbau

1. Überschrift, Thema

- Formulieren Sie eine kurze Überschrift aus maximal sieben Wörtern.
- Schreiben Sie sauber und leserlich, mit großer Schrift.

2. Inhalt

- Wählen Sie die wichtigsten (Fach-)Begriffe zum Thema aus.
- Bringen Sie diese in eine sinnvolle Reihenfolge.
- Formulieren Sie zu jedem Begriff kurze, einfache und präzise Sätze.
- Verzichten Sie auf Abkürzungen, schreiben Sie alles aus.
- Bilden Sie aus den zusammenhängenden Einheiten gemeinsame Blöcke.
- Teilen Sie das Blatt übersichtlich auf.
- Verwenden Sie freie Flächen als Gestaltungselemente und halten Sie Ränder ein, sodass ca. ein Drittel der Plakatfläche frei bleibt.

3. Schrift

Achten Sie bei der Schriftwahl besonders auf die Lesbarkeit durch Verwendung von:

- einer ausreichenden Schriftgröße,
- nicht mehr als zwei Schrifttypen,
- Druckschrift (keine Schreibschriften),
- Groß- und Kleinbuchstaben,
- serifenloser Schrift.

Piktogramme

4. Farbe und Form

- Betonen Sie nur wirklich Wichtiges durch Unterstreichungen, Umrahmungen, Schraffur, Farbe oder Ähnliches.
- Wählen Sie maximal zwei bis drei unterschiedliche Farbtöne und Hervorhebungen. Weniger ist mehr!
- Wählen Sie für zusammengehörende Sachverhalte stets dieselben Farben oder Formen.
- Verdeutlichen Sie komplizierte Sachverhalte mithilfe von Symbolen, Piktogrammen oder Grafiken.

5. Abschluss (Visualisierung)

Überprüfen Sie abschließend die Deutlichkeit, indem Sie sich im Abstand von mindestens 3 m vor das Plakat stellen und es auf Lesbarkeit überprüfen.

Folie und Overheadprojektor

Mit der Präsentation von Overheadfolien kann ein Vortrag oder ein komplizierter Sachverhalt unterstützt werden. Ein Vorteil des Overheadprojektors besteht darin, dass Sie Blickkontakt zu den Zuhörern halten können, ihnen also nie den Rücken zudrehen müssen.

Damit Ihre Zuhörer beim Präsentieren mithilfe von Folien die Informationen schnell lesen und erfassen können, sollten Sie nachstehende Dinge beachten:

- Erklären Sie kurz, was auf der Folie zu sehen ist, ohne lediglich die Folieninhalte vorzulesen.
- Zeigen Sie mit einem (Zeige)stift auf der Folie, nicht an der Projektionswand, worüber Sie gerade sprechen.
- Machen Sie ein bis zwei Sekunden Pause, bevor Sie eine neue Folie auflegen.
- Beschränken Sie sich pro Folie auf maximal fünf Kernaussagen.
- Gliedern Sie Texte durch Gruppierungen, Rahmen, Pfeile, Farben oder Ähnliches. Beachten Sie dabei die Regeln der Plakatherstellung.
- Vergewissern Sie sich im Vorfeld, ob Ihre Zuhörer die Folieninhalte deutlich erkennen können, und korrigieren Sie gegebenenfalls die Lage oder Schärfe der Folie.

Präsentation am Overheadprojektor

Diskussion der Zuhörer

Konstruktive Kritik zur Präsentation

Nachbereitung einer Präsentation

In der abschließenden Reflexionsphase erhalten sowohl die Präsentierenden als auch die Zuhörenden Gelegenheit, über den Lernerfolg zu reden. Durch dieses Verfahren wird klar, ob das Ziel der Präsentation erreicht wurde.

1. Eigene Einschätzung der Präsentation

- Was hat gut geklappt?
- Was lief nicht so gut und worin lagen die Ursachen dafür?
- Wie kann man die Probleme beim nächsten Mal umgehen?
- Waren Sie in der Lage, die Fragen der Zuhörer zu beantworten?
- Besteht Zufriedenheit mit dem Ergebnis der eigenen Präsentation?

2. Einschätzung der Zuhörenden

- Konnten Sie den Inhalten folgen?
- Gab es zu viele oder zu wenige Fachinformationen?
- Wurden die Inhalte durch bildliche Darstellungen vereinfacht?
- Haben Ihnen Wortwahl und Körpersprache gefallen?
- Machen Sie Vorschläge, was beim nächsten Mal besser gemacht werden könnte.
- Werden Sie bei Ihren Empfehlungen niemals persönlich, sondern üben Sie ausschließlich konstruktive Kritik.

Kundenorientierung

Orientierung der Arbeit am Kunden

Jeder Maler- und Fahrzeuglackiererbetrieb lebt davon, dass der Kunde, an den er seine Leistung verkauft, zufrieden ist.
Die Zufriedenheit ergibt sich aus unterschiedlichen Aspekten:

- Ergebnis der Arbeit,
- Ablauf und Organisation der Arbeit,
- Preis,
- nach dem äußeren Erscheinungsbild,
- Freundlichkeit der Mitarbeiter,
- Termintreue,
- Sauberkeit.

Der Kunde nimmt den Betrieb meist als Ganzes wahr, d. h, das Gesamtbild des Betriebes muss in allen Aspekten zur Ausrichtung des Betriebes passen. So müssen z. B. in einem Lackiererbetrieb, der hochwertige Designlackierungen durchführt, die Arbeiter entsprechend gekleidet sein und die Sauberkeit der Werkstatt muss auf einem hohen Niveau liegen.

Dies bedeutet auch, dass alle Mitarbeiter auf jeder Hierarchiestufe (vom Hilfsarbeiter bis zum Chef) sich gemäß dem betrieblichen Selbstverständnis verhalten müssen.

Ablauf eines Kundenauftrags

Der Abwicklung eines Auftrags erfolgt nach einer Grundstruktur, die in vielen Gesetzen und Verordnungen festgelegt ist. Je nach Umfang und Bedeutung des Auftrags werden einzelne Schritte mehr oder weniger genau geplant und durchgeführt.
Bei Standardaufträgen, z. B. Reparaturlackierung eines Kratzers an einem PKW, ist der Ablauf so selbstverständlich, dass die einzelnen Schritte im täglichen Ablauf gar nicht mehr unterschieden werden können.

Wesentliche Schritte beim Ablauf eines Kundenauftrages

- **Anfrage des Kunden**

Üblicherweise geht die Initiative zu einer handwerklichen Leistung vom Kunden aus, d. h., der Kunde fragt beim Betrieb an, ob dieser eine bestimmte Arbeit an einem Objekt ausführen kann. Seltener tritt der Betrieb, dann meist im Rahmen einer Werbeaktion, an den Kunden heran und bietet ihm eine ganz gezielte Leistung an.

- **Besprechung und Beratung**

Hier wird das Objekt genau geprüft, um zu entscheiden, was technologisch sinnvoll und möglich ist. Es können auch Vorschläge zur Farbgestaltung gemacht werden, die dann in entsprechenden Entwürfen präzisiert werden. Natürlich wird hier auch über den Preis gesprochen, die hier gemachten Angaben sind allerdings noch unverbindlich. Außerdem wird der Zeitraum der Ausführung und Fertigstellung der Arbeiten festgelegt.

Bei größeren Objekten müssen meist mehrere Besprechungen stattfinden, bis eine eindeutige Lösung gefunden ist.

- **Kalkulation und Angebot**

Der Unternehmer kalkuliert nun auf der Basis der in der Besprechung getroffenen Absprachen alle notwendigen Arbeitsschritte, die notwendigen Materialen und Werkzeuge, die Arbeitszeit und die Anzahl der einzusetzenden Arbeiter.

Er errechnet daraus einen Preis für diesen Auftrag. Danach wird ein Angebot erstellt und dem Kunden zugeschickt. Ein Muster für ein Angebot zeigt die Abb. auf der nächsten Seite.

Erstellen einer Kalkulation am PC

Malermeister
Jahn
GUT - SCHNELL - ZUVERLÄSSIG

Malerarbeiten aller Art
Trockenbau
Gerüstbau
Bodenbeläge

Malermeister Jahn, Hauptstraße 2, 12346 Großstadt

Familie
Hans Mustermann
Gartenweg 10
12345 Musterhausen

06.02.2019

Angebot – Erneuerungsanstrich der Garagentore

Sehr geehrter Herr Mustermann,

wir bedanken uns für Ihre Anfrage und bieten Ihnen die gewünschte Malerarbeit für der Erneuerungsanstrich der zwei Garagentore im Gebäude Gartenweg 10 wie folgt an:

Die Beschichtungsfläche beträgt 19,50m².

1.	Vorhandenen Rost bis 30 % der Fläche von Hand mit Drahtbürste oder Maschine gründlich entfernen.	€	64,50
2.	Die gereingte Fläche zweimal mit einem Korrosionschutz-Grundbeschichtungsstoff beschichten.	€	107,60
3.	Eine Schlussbeschichtung mit Alkydharzlackfarbe, mittlerer Glanz, RAL 9010 reinweiß, auftragen.	€	101,20
	Gesamt Netto	€	273,30
	Mehrwertsteuer 19 %	€	51,93
	Gesamt Brutto	**€**	**325,23**

Vertragsgrundlage ist die VOB in ihrer jeweils gültigen Fassung. Diese fügen wir Ihnen als Anlage bei.

Wir hoffen, dass Ihnen unser Angebot zusagt.

Mit freundlichen Grüßen

H. Jahn

Horst Jahn

Malermeister Jahn GmbH
Hauptstr. 2
12346 Großstadt
Geschäftsführer Horst Jahn
UST.IdNr. DE 250 734 288

Tel. 0101-909318
Fax: 0101-909317
E-Mail: info@maler-meister-jahn.de
Internet: www.maler-meister-jahn.de

Handelsregister Nr. 987543
Volksbank Großstadt
Konto Nr. 10 101 000
BLZ 789 120 30

Angebot, Beispiel

- **Auftragserteilung**
Wenn der Kunde dem Angebot zustimmt, gilt der Auftrag als erteilt. Die Zustimmung kann mündlich oder schriftlich durch Unterschrift erfolgen.

- **Arbeitsplanung**
Der Chef kann nun die eigentliche Arbeit planen. Er muss sich ggf. zunächst mit den anderen Gewerken (z. B. Elektriker, Bodenleger) absprechen, um einen reibungslosen Ablauf zu sichern. Er teilt dann seine Mitarbeiter ein und legt den zeitlichen Rahmen für die einzelnen Schritte fest. Außerdem muss noch Material in der benötigten Menge bestellt werden.
Die Mitarbeiter sollten möglichst genau über den Auftrag informiert werden.

- **Ausführung der Arbeit**
Die Handwerker erscheinen zum vereinbarten Termin beim Kunden. Sie stellen sich vor und gehen mit ihm noch einmal alle auszuführenden Arbeiten durch. Anschließend richten sie die Baustelle ein, d. h., sie lagern die benötigten Materialien und Werkzeuge an einer geeigneten Stelle und decken alle Bauteile und Möbel ab, die beschmutzt werden könnten.
Nun werden die abgesprochenen Arbeiten entsprechend der Planung ausgeführt. Zum Schluss werden alle Abdeckmaterialien entfernt und sämtliche Verschmutzungen beseitigt, sodass die Baustelle in einem sauberen Zustand verlassen wird.

- **Abnahme**
Nach Beendigung der Arbeiten schaut sich der Kunde zusammen mit dem Chef oder einem beauftragten Gesellen die durchgeführten Arbeiten an. Wenn der Kunde keine Einwände hat, gilt die erstellte Leistung als abgenommen. Wenn der Kunde berechtigte Mängel feststellt, müssen diese kostenlos behoben werden.

- **Rechnungsstellung**
Der Unternehmer stellt nun die Rechnung über die ausgeführten Arbeiten aus, dabei darf der Endpreis den Angebotspreis nicht wesentlich übersteigen.

- **Bezahlung**
Nachdem der Kunde den Rechnungsbetrag bezahlt hat, ist der Auftrag endgültig abgeschlossen.

Verhalten beim Kunden

Der Kunde hat von Anfang an bestimmte Vorstellungen vom Betrieb, bei dem er um eine bestimmte Leistung anfragt. Diese Vorstellung entsteht vor allem durch das angebotene Leistungsspektrum, aber auch durch den Ruf, den ein Betrieb hat, und den Eindruck, der durch das äußere Erscheinungsbild des Betriebs erzeugt wird.

Jeder Mitarbeiter trägt durch sein Verhalten und sein Äußeres zu einem positiven oder negativen Eindruck vom Betrieb bei. Einige Verhaltensregeln sollten dabei auf jeden Fall beachtet werden:

- Man sollte sich immer um eine freundliche Sprache und eine offene Körpersprache bemühen (→ Seite 142), auch wenn man unter Druck steht und der Kunde selbst unsympathisch oder aggressiv ist.

- Die Begrüßung ist der Einstieg zu einer guten Kundenbeziehung. Ein saloppes „Hallo" wird von vielen Kunden als zu kumpelhaft empfunden, ebenso wie manch andere Begrüßungen, die unter Kollegen üblich sind. Wenn der Kunde in seiner Wohnung aufgesucht wird, sollte man ihn mit Handschlag begrüßen und sich mit Namen vorstellen.

- Besondere Beachtung sollte man auch in Berufen, bei denen Schmutz unvermeidbar ist, auf das saubere Erscheinungsbild legen. Eine einheitliche, in regelmäßigen Abständen gewechselte Arbeitskleidung sollte in einem Maler- und auch Fahrzeuglackiererbetrieb selbstverständlich sein.
Zur Sauberkeit gehört auch, dass die Hände, und wenn nötig auch das Gesicht, regelmäßig gewaschen werden.

- Wenn man in der bewohnten Wohnung eines Kunden eine Renovierungsarbeit ausführt, sollte man sich immer bewusst sein, dass man in die Privatsphäre eines Menschen eindringt. Deshalb muss man sich entsprechend rücksichtsvoll verhalten.

Körpersprache

Positive Signale

Dem Kunden gegenüber sollte durch die Körpersprache Offenheit demonstriert werden. Er muss das Gefühl haben, ernst genommen zu werden. Dies wird durch das Aussenden von positiven Signalen erreicht, indem man ihm immer erneut in die Augen sieht, allerdings ohne ihn anzustarren. Die Armhaltung ist offen, d. h. nicht vor dem Oberkörper verschränkt. Der Abstand zum Gesprächspartner sollte ca. eine Armlänge betragen.
Das beste Signal ist ein freundliches Lächeln zur richtigen Zeit.

- Der Körper ist dem Gesprächspartner zugewandt.
- Der Blick ist freundlich.
- Blickkontakt mit dem Kunden halten, aber ihn nicht anstarren.

- Die Armhaltung ist offen.
- Auch wenn etwas gezeigt wird, sollte der Oberkörper in Richtung des Gesprächspartners gedreht sein.

Negative Signale

Durch negative Signale wird dem Kunden signalisiert: „Ich verschließe mich, ich lasse Deine Gedanken und Wünsche nicht an mich heran“. Dies wird deutlich durch abwehrende Arm- und Handbewegungen sowie durch eine nach unten gerichtete Kopfhaltung und Mimik.
Bewegungen in Richtung des Kunden werden meist als aggressiv und aufdringlich empfunden.

- Der Körper ist vom Gesprächspartner abgewandt.
- Gesten in Richtung des Kunden.
- Hände werden in den Hosentaschen versteckt.

- Die Arme bauen eine Barriere auf.
- Der Blick ist abweisend.
- Der Oberkörper weicht vor dem Kunden zurück.

Kundentypen

Die meisten Kunden erwarten auch von einem Mitarbeiter eines Betriebes, dass er fachlich kompetent ist und bei entsprechenden Problemen Lösungen anbieten kann. Der Mitarbeiter muss dann in der Lage sein, den Kunden so zu beraten, dass dieser zufrieden ist und möglicherweise ein neuer Auftrag entsteht oder der bestehende Auftrag erweitert wird. Der Mitarbeiter sollte sich dabei auch darüber im Klaren sein, dass die letztendliche Entscheidung immer beim Chef des Betriebes liegt.

Hilfreich ist die Zuordnung eines Kunden zu einem Kundentyp, damit man beim Umgang mit ihm angemessen kommunizieren kann. Selbstverständlich verhält sich selten ein Kunde ganz ausschließlich und eindeutig wie ein bestimmter Kundentyp, sondern meist steckt im Verhalten und den Einstellungen eines Kunden etwas von jedem Kundentyp, allerdings immer in verschiedenen Gewichtungen.

Unterschieden werden z. B. folgende Kundentypen:

- der Misstrauische,
- der Informierte,
- der Freundschaftliche,
- der Zufriedene.

Typ 1: Der Misstrauische

Er hat schon häufig schlechte Erfahrungen mit Handwerkern gemacht und hat sich erst nach langem Zögern dafür entschieden, den Auftrag zu vergeben. Er ist verunsichert, möchte aber alles im Griff haben. Daher kontrolliert er die Handwerker und die ausgeführten Arbeiten ganz genau und möchte die auszuführenden Arbeitsschritte ganz genau erklärt bekommen.

Man gewinnt bei einem solchen Kunden nur, wenn man in der Lage ist, die gestellten Fragen fachlich schlüssig zu erklären. Sein Misstrauen lässt sich allerdings nur beseitigen, wenn man zu den Punkten vordringt, die ihn so misstrauisch machen. Dies ist häufig nicht so einfach, da er die Kritik zu allem und jedem äußert.

Typ 2: Der Informierte

Er hat sich vor der Vergabe des Auftrags schon eingehend über alle anstehenden Arbeiten informiert und meint deshalb, dass er als Fachmann mitreden kann. Er versucht häufig zu bestimmen, welche Produkte verwendet werden sollen oder wie die Arbeitschritte auszuführen sind. Er kennt auch die entsprechenden Preise, die dafür üblich sind.

Seine Vorstellungen beruhen häufig auf Produktinformationen aus dem Internet, bei denen keine Nachteile genannt werden und noch keine langfristigen Erfahrungswerte vorliegen.

Man steht hier vor der Aufgabe, dem Kunden die negativen Seiten seiner Vorstellungen aufzuzeigen, ohne aber seine Kompetenz infrage zu stellen. Die beste Strategie ist hier zu sagen: „Sie haben im Prinzip völlig recht, aber bei Ihrem Auftrag ...“ Wenn der Informierte sich ernst genommen fühlt, ist er auch zu einem Kompromiss bereit, und gelegentlich kann so ein Kunde auch ein Anreiz sein, sich fachlich weiterzuentwickeln.

Typ 3: Der Freundschaftliche

Er ist daran zu erkennen, dass er schon am Anfang sehr freundlich grüßt. Er ist besorgt um die Handwerker und bietet oft etwas zum Essen und Trinken an. Er hat selbst viel Zeit und unterhält sich mit den Handwerkern auch über private Dinge.

Da der freundschaftliche Kunde den Kontakt sucht und dadurch viel Zeit in Anspruch nimmt, verzögert sich häufig die auszuführende Arbeit.

Man muss versuchen, das Gespräch mit diesem an sich angenehmen Kundentyp abzukürzen, um nicht mit den Zeitvorgaben des Chefs in Konflikt zu kommen. Wenn die verlorene Zeit dem Kunden in Rechnung gestellt wird, könnte auch der freundschaftliche Kundentyp dies reklamieren.

Typ 4: Der Zufriedene

Dieser Kundentyp investiert wenig Zeit und Energie in seinen erteilten Auftrag. Er will, dass die Arbeiten möglichst zügig und mit wenigen Komplikationen erledigt werden. Er kontrolliert nur sehr oberflächlich und möchte nur das Wichtigste darüber wissen.

Man sollte ihn nicht mit langen Erklärungen belästigen, sondern die notwendigen Informationen möglichst kurz und knapp liefern. Die Oberflächlichkeit des Kunden verleitet dazu, es mit der Ausführung der Arbeit nicht allzu genau zu nehmen. Man sollte aber auch hier die Arbeit in der gewohnt hohen Qualität abliefern, denn ein z.B. beschichtetes Gebäude oder Fahrzeug wird auch von vielen anderen Personen gesehen.

Maßnahmen zur Qualitätssicherung

In jedem Betrieb passieren Fehler und nicht immer sind die Abläufe optimal. Jeder Mitarbeiter – und auch der Chef – hat besondere Fähigkeiten, aber auch Defizite in bestimmten Bereichen.

Ziel in jedem Betrieb sollte es ein, die Stärken zu fördern und die Schwächen zu beseitigen, damit die Qualität der Arbeit erhalten oder weiter erhöht werden kann. Es sollten die Fähigkeiten und Fertigkeiten der einzelnen Mitarbeiter richtig genutzt, aber auch Betriebsabläufe optimiert werden, sodass die aufgewendete Arbeitsleistung möglichst gut für die eigentliche Auftragsarbeit eingesetzt werden kann.
Für größere Betriebe lohnt es sich, ein umfassendes Qualitätsmanagment einzuführen und sich dies nach DIN EN ISO 9000 zertifizieren zu lassen. Aber auch kleinere Handwerksbetriebe können durch einfache Maßnahmen erreichen, dass die Arbeit im Betrieb optimiert wird:

- Es sollte im Betrieb eine offene Atmosphäre vorhanden sein, in der jeder Mitarbeiter einen begangenen Fehler zugeben kann.
- Reklamationen müssen vorurteilsfrei analysiert werden. In jeder Reklamation steckt die Chance zu einer Verbesserung.
- Der Informationsfluss innerhalb des Betriebes sollte so sein, dass die Mitarbeiter selbstständig und kompetent handeln können.
- Die Mitarbeiter sollten die Möglichkeiten haben, sich ständig weiterzubilden, damit der Betrieb mit der technologischen Weiterentwicklung Schritt halten kann.

Verhalten bei Reklamationsgesprächen

Eine besonders schwierige Situation für einen Mitarbeiter besteht, wenn sich ein Kunde über eine fehlerhafte Arbeit beschwert. Er braucht zum einen das entsprechende Fachwissen, um beurteilen zu können, ob die Reklamation möglicherweise berechtigt ist. Er muss aber auch das Reklamationsgespräch so führen können, dass der Kunde zufrieden ist, aber trotzdem die Belange des Betriebes berücksichtigt sind.

Folgende Regeln können hier hilfreich sein:

- Man sollte versuchen, freundlich, sachlich und offen zu kommunizieren, auch wenn der Kunde aggressiv und unhöflich auftritt.
- Durch Nachfragen und gutes Zuhören kann man zusammen mit dem Kunden herausfinden, wo der Fehler genau liegt und wie er entstanden ist.
- Man kann dann das weitere Vorgehen vereinbaren.
- Der Chef und die Mitarbeiter müssen unverzüglich über die Reklamation informiert werden.

Der Geselle sollte sich immer bewusst sein, dass die Entscheidung über die Berechtigung der Reklamation und das weitere Vorgehen immer beim Chef liegt. Deshalb sollte er keine Zusagen machen oder vorschnell die Schuld an einer fehlerhaften Leistung eingestehen.

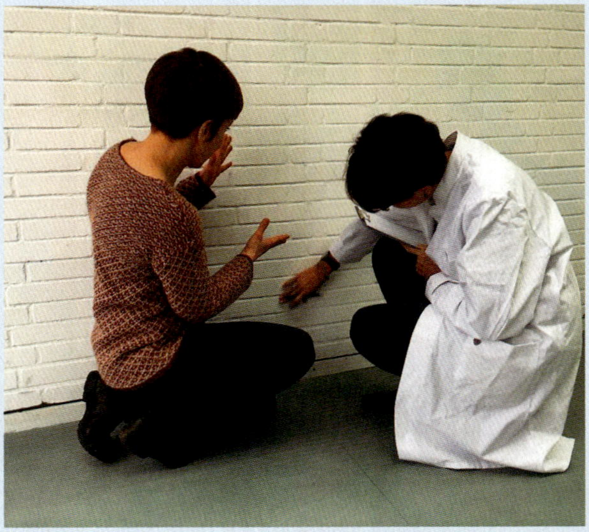

Reklamationsgespräch

Aufgaben Präsentationstechniken

1. Was beachten Sie, wenn Sie Ihre Arbeitsergebnisse vor einer Gruppe vortragen?
2. Woran erkennen Sie, ob Ihre Präsentation gelungen ist?
3. In welche Hauptbestandteile sollte ein Plakat gegliedert sein?
4. Worauf ist bei der Wahl von Schriften für ein Plakat zu achten?
5. Wie viele Kernaussagen sollten maximal auf einer Folie stehen?
6. Geben Sie an, welche Fehler Sie auf der Folie in Abb. 1 entdecken und was für eine gute Präsentationsfolie zu ändern wäre.

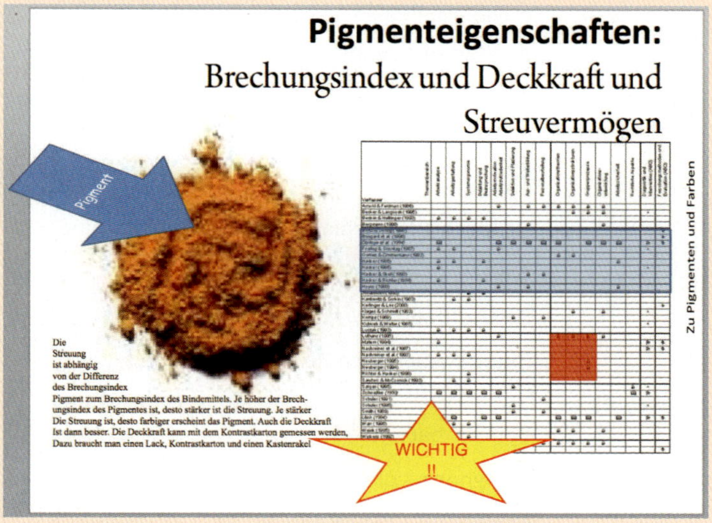

1 Beispiel einer schlecht gestalteten Folie

Aufgaben Kundenorientierung

1. Woraus ergibt sich die Zufriedenheit eines Kunden mit einem Betrieb? Ordnen Sie die verschiedenen Aspekte nach ihrer Wichtigkeit.
2. Nennen Sie drei Körpersignale, die beim Kundengespräch Offenheit und Freundlichkeit anzeigen.
3. Nennen Sie die Schritte zum Ablauf eines Kundenauftrages.
4. Bei welchen Schritten eines Kundenauftrags sind die Gesellen und Lehrlinge vor allem beteiligt?
5. Wie sollte man sich einem Kunden gegenüber verhalten, der sich genau über die auszuführenden Arbeiten informiert hat, immer wieder Fragen stellt und häufig vermeintliche Verbesserungsvorschläge macht?
6. Worauf müssen Sie achten, wenn Sie einen Kunden in dessen Wohnung zum Arbeiten aufsuchen?

Sachwortverzeichnis

C

D

E

F

G

H

I

J

K

L

M

N

O

P

Q

R

S

T

U

V

W

Z

Bildquellenverzeichnis

akg-images GmbH, Berlin: Paul Almasy 6.2.
Autorenteam Hannover (ATH), Hannover: 34.1, 84.1.
BC GmbH Verlags- und Medien-, Forschungs- und Beratungsgesellschaft, Ingelheim: 15.2, 15.3, 16.1, 16.3, 16.5, 16.8, 16.10, 16.12, 16.14, 17.1, 17.2, 17.3, 17.4, 17.5, 19.1, 19.2, 19.3, 19.4, 19.5, 19.6, 19.7, 22.1, 22.2, 22.3, 22.4, 22.5, 22.6, 22.7, 22.8, 22.9, 23.1, 23.2, 23.3, 42.2, 42.3, 42.4, 42.6, 42.7, 42.8, 42.9.
BMW AG, München: 62.4.
bpk-Bildagentur, Berlin: Friedrich Seidenstücker 6.1.
Bundesanstalt für Arbeitsschutz und Arbeitsmedizin, Berlin: 29.1.
deckermedia GbR, Rostock: 3.2, 3.3, 3.4, 20.1, 25.1, 25.2, 26.2, 27.1, 27.2, 27.3, 27.4, 27.5, 27.6, 27.7, 27.8, 27.9, 27.10, 27.11, 27.12, 29.2, 29.3, 29.4, 29.5, 29.6, 29.7, 29.8, 29.9, 30.1, 30.2, 30.3, 31.5, 32.1, 40.5, 42.10, 42.11, 42.12, 43.1, 43.2, 52.1, 54.1, 54.2, 57.1, 57.2, 57.3, 58.1, 61.1, 62.1, 62.2, 62.3, 64.1, 64.2, 64.3, 64.4, 65.2, 67.1, 69.1, 70.1, 70.2, 70.3, 71.1, 71.2, 72.2, 72.3, 72.4, 72.5, 72.6, 73.2, 73.3, 73.4, 73.5, 87.3, 87.4, 87.5, 87.6, 88.1, 88.2, 94.1, 96.1, 98.1, 98.2, 99.1, 99.2, 99.5, 100.3, 103.3, 104.1, 104.2, 104.3, 104.4, 113.1, 113.2, 113.3, 115.1, 115.2, 115.3, 115.4, 115.5, 115.6, 115.7, 115.8, 115.9, 116.1, 116.2, 116.3, 116.4, 116.5, 116.6, 120.1, 125.3, 125.4, 128.1, 129.1, 129.2, 134.1, 135.1.
Dempf, Markus: 100.2, 101.1, 101.3, 118.1, 122.1, 123.1, 126.1, 126.2, 127.1, 127.2.
DIN-Deutsches Institut für Normung e.V., Berlin: DIN-Farbtonkarte DIN 6164 Beiblatt 100.1.
Druwe & Polastri, Cremlingen/Weddel: 140.1, 140.2, 140.3, 140.4.
Finkenzeller, Bernhard, München: 41.1, 45.1, 46.1, 46.2, 47.1, 48.1, 48.2, 77.1, 95.1, 95.2, 95.3, 95.4, 95.5, 122.2.
fotolia.com, New York: T. Michel 15.1, 42.5.
Future Mindset 2050 GmbH, Gehrden: 11.1, 38.1, 66.1, 68.1, 74.2, 74.3, 77.2, 78.1, 78.2, 85.1, 85.2, 85.3, 97.1, 97.2, 97.3, 97.4, 97.5.
Goethezeitportal – www.goethezeitportal.de, München: 99.3, 99.4.
Günzburger Steigtechnik GmbH, Günzburg: 33.1.
Herrmann, Uwe, Hannover: 7.1, 10.2, 13.1, 34.3, 35.2, 80.1, 80.2, 80.5, 81.1, 82.3, 82.4, 83.1, 86.1, 114.1, 136.2, 137.1.
Institut Feuerverzinken GmbH, Düsseldorf: 81.2.
iStockphoto.com, Calgary: AndyTu 124.4; ginton 121.1; Rawpixel Ltd 95.6.
Jouve Germany GmbH & Co. KG, München: 3.5, 118.2.
KonzeptQuartier GmbH, Fürth: 3.1, 24.1, 24.2, 24.3, 24.4, 32.2, 32.3, 32.4, 32.5, 33.2, 33.3, 33.4, 33.5, 42.1, 43.5, 50.1, 50.3, 51.1, 51.2, 54.3, 54.4, 65.1, 65.3, 72.1, 72.7, 73.1, 73.6, 74.1, 75.1, 91.1, 91.2, 103.1, 103.2, 130.1, 131.1, 143.1, 143.3, 143.4, 143.5.
Littmann, Klaus, Geilenkirchen: 36.2, 37.1, 37.2, 37.3, 37.4, 40.1, 40.2, 40.3, 40.4, 40.9, 40.11, 44.2, 49.1, 49.2, 49.3, 50.2, 52.2, 52.3, 53.1, 53.2, 57.4, 58.2, 58.3, 59.1, 59.2, 59.3, 59.4, 59.5, 59.6, 59.7, 59.8, 61.2, 80.3, 84.2, 84.3, 86.2, 90.1, 90.2, 90.3, 90.4, 90.5, 90.6, 124.3, 132.2, 143.2.
Mengel, Uta, Seelze: 16.11, 35.1, 35.3, 41.3, 82.1, 82.2, 87.1, 87.2, 92.2, 105.1, 105.2, 105.3, 106.1, 112.1, 112.2, 112.3, 112.4, 112.5, 112.6, 114.2, 117.1, 118.3, 118.4, 121.2, 123.2, 123.3, 124.1, 125.1, 125.2, 130.2, 130.3, 133.1, 135.2, 136.1, 142.1.
Mesko Pinsel GmbH, Wieseth: 40.6, 40.7, 40.8, 40.10.
PantherMedia GmbH (panthermedia.net), München: Baloncici 16.13; Birgit Reitz-Hofmann 36.1; defotoberg 43.3; ermess 41.2; Furian 96.2; J-Aleks 26.3; James Steidl 16.6; mallivan 43.4; pressmaster Titel; serenethos 36.3; THPStock 16.2; tiler 84 124.2.
PEWAG Handels AG, Küssnacht am Rigi: 35.4.
Rohde, Anja, Wunstorf: 39.1.
Saint-Gobain Weber GmbH, Düsseldorf: 56.1, 56.2, 56.3.
Scandinavian Colour Institute, Stockholm: 101.2, 102.1, 102.2.
Schlüter, Sigrid, Mallersdorf: 13.2, 13.3.

Shutterstock.com, New York: Titel; Bhakpong Titel; Kalinovsky, Dmitry 76.2; Lara Cold 10.1, 44.1, 76.1, 92.1, 132.1.
stock.adobe.com, Dublin: Bartussek, Ingo 34.2; Bizgaimer, Yuri 31.1, 31.2, 31.3, 31.4; everTravel 80.4; Fischer, Irina 55.1; Foustontene 16.9; industrieblick 79.1; rdnzl 16.7; shootingankauf 28.1, 28.2, 28.3, 28.4.
VDE Prüf- und Zertifizierungsinstitut GmbH, Offenbach: 26.1.
VOSS-HELME GmbH & Co. KG, Burgwedel: 16.4.